# IPA-IAO
# Forschung und Praxis

Band 112

Berichte aus dem
Fraunhofer-Institut für Produktionstechnik
und Automatisierung (IPA), Stuttgart,
Fraunhofer-Institut für Arbeitswirtschaft
und Organisation (IAO), Stuttgart, und
Institut für Industrielle Fertigung und
Fabrikbetrieb der Universität Stuttgart

Herausgeber: H. J. Warnecke und H.-J. Bullinger

Hie-Sik Kim

# Entwicklung eines berührungslosen Tastsystems für den Einsatz an Koordinatenmeßgeräten

Mit 62 Abbildungen und 4 Tabellen

Springer-Verlag Berlin Heidelberg GmbH 1987

Ms. of Sc. Hie-Sik Kim

Fraunhofer-Institut für Produktionstechnik und Automatisierung (IPA), Stuttgart

Dr.-Ing. H. J. Warnecke

o. Professor an der Universität Stuttgart
Fraunhofer-Institut für Produktionstechnik und Automatisierung (IPA), Stuttgart

Dr.-Ing. habil. H.-J. Bullinger

o. Professor an der Universität Stuttgart
Fraunhofer-Institut für Arbeitswirtschaft und Organisation (IAO), Stuttgart

D 93

ISBN 978-3-540-18578-9 ISBN 978-3-662-07045-1 (eBook)
DOI 10.1007/978-3-662-07045-1



2362/3020—543210

## Geleitwort der Herausgeber

Futuristische Bilder werden heute entworfen:

- o Roboter bauen Roboter,
- o Breitbandinformationssysteme transferieren riesige Datenmengen in Sekunden um die ganze Welt.

Von der "menschenleeren Fabrik" wird da gesprochen und vom "papierlosen Büro". Wörtlich genommen muß man beides als Utopie bezeichnen, aber der Entwicklungstrend geht sicher zur "automatischen Fertigung" und zum "rechnerunterstützten Büro". Forschung bedarf der Perspektive, Forschung benötigt aber auch die Rückkopplung zur Praxis - insbesondere im Bereich der Produktionstechnik und der Arbeitswissenschaft.

Für eine Industriegesellschaft hat die Produktionstechnik eine Schlüsselstellung. Mechanisierung und Automatisierung haben es uns in den letzten Jahren erlaubt, die Produktivität unserer Wirtschaft ständig zu verbessern. In der Vergangenheit stand dabei die Leistungssteigerung einzelner Maschinen und Verfahren im Vordergrund. Heute wissen wir, daß wir das Zusammenspiel der verschiedenen Unternehmensbereiche stärker beachten müssen. In der Fertigung selbst konzipieren wir flexible Fertigungssysteme, die viele verkettete Einzelmaschinen beinhalten. Dort, wo es Produkt und Produktionsprogramm zulassen, denken wir intensiv über die Verknüpfung von Konstruktion, Arbeitsvorbereitung, Fertigung und Qualitätskontrolle nach. Rechnerunterstützte Informationssysteme helfen dabei und sollen zum CIM (Computer Integrated Manufacturing) führen und CAD (Computer Aided Design) und CAM (Computer Aided Manufacturing) vereinen. Auch die Büroarbeit wird neu durchdacht und mit Hilfe vernetzter Computersysteme teilweise automatisiert und mit den anderen Unternehmensfunktionen verbunden. Information ist zu einem Produktionsfaktor geworden, und die Art und Weise, wie man damit umgeht, wird mit über den Unternehmenserfolg entscheiden.

Der Erfolg in unseren Unternehmen hängt auch in der Zukunft entscheidend von den dort arbeitenden Menschen ab. Rationalisierung und Automatisierung müssen deshalb im Zusammenhang mit Fragen der Arbeitsgestaltung betrieben werden, unter Berücksichtigung der Bedürfnisse der Mitarbeiter und unter Beachtung der erforderlichen Qualifikationen. Investitionen in Maschinen und Anlagen müssen deshalb in der Produktion wie im Büro durch Investitionen in die Qualifikation der Mitarbeiter begleitet werden. Bereits im Planungsstadium müssen Technik, Organisation und Soziales integrativ betrachtet und mit gleichrangigen Gestaltungszielen belegt werden.

Von wissenschaftlicher Seite muß dieses Bemühen durch die Entwicklung von Methoden und Vorgehensweisen zur systematischen Analyse und Verbesserung des Systems Produktionsbetrieb einschließlich der erforderlichen Dienstleistungsfunktionen unterstützt werden. Die Ingenieure sind hier gefordert, in enger Zusammenarbeit mit anderen Disziplinen, z. B. der Informatik, der Wirtschaftswissenschaften und der Arbeitswissenschaft, Lösungen zu erarbeiten, die den veränderten Randbedingungen Rechnung tragen.

Beispielhaft sei hier an den großen Bereich der Informationsverarbeitung im Betrieb erinnert, der von der Angebotserstellung über Konstruktion und Arbeitsvorbereitung, bis hin zur Fertigungssteuerung und Qualitätskontrolle reicht. Beim Materialfluß geht es um die richtige Auswahl und den Einsatz von Fördermitteln sowie Anordnung und Ausstattung von Lagern. Große Aufmerksamkeit wird in nächster Zukunft auch der weiteren Automatisierung der Handhabung von Werkstücken und Werkzeugen sowie der Montage von Produkten geschenkt werden.

Von der Forschung muß in diesem Zusammenhang ein Beitrag zum Einsatz fortschrittlicher intelligenter Computersysteme erfolgen. Planungsprozesse müssen durch Softwaresysteme unterstützt und Arbeitsbedingungen wissenschaftlich analysiert und neu gestaltet werden.

Die von den Herausgebern geleiteten Institute, das

- Institut für Industrielle Fertigung und Fabrikbetrieb der Universität Stuttgart (IFF),

- Fraunhofer-Institut für Produktionstechnik und Automatisierung (IPA),

- Fraunhofer-Institut für Arbeitswirtschaft und Organisation (IAO)

arbeiten in grundlegender und angewandter Forschung intensiv an den oben aufgezeigten Entwicklungen mit. Die Ausstattung der Labors und die Qualifikation der Mitarbeiter haben bereits in der Vergangenheit zu Forschungsergebnissen geführt, die für die Praxis von großem Wert waren. Zur Umsetzung gewonnener Erkenntnisse wird die Schriftenreihe "IPA-IAO - Forschung und Praxis" herausgegeben. Der vorliegende Band setzt diese Reihe fort. Eine Übersicht über bisher erschienene Titel wird am Schluß dieses Buches gegeben.

Dem Verfasser sei für die geleistete Arbeit gedankt, dem Springer-Verlag für die Aufnahme dieser Schriftenreihe in seine Angebotspalette und der Druckerei für saubere und zügige Ausführung. Möge das Buch von der Fachwelt gut aufgenommen werden.

H. J. Warnecke · H.-J. Bullinger

## Vorwort

Die vorliegende Abhandlung entstand während meiner Tätigkeit als wissenschaftlicher Mitarbeiter am Institut für Industrielle Fertigung und Fabrikbetrieb (IFF) der Universität Stuttgart.

Herrn Prof. Dr.-Ing. H.-J. Warnecke danke ich für die großzügige Unterstützung und Förderung meiner Arbeit; dem Mitberichter, Herrn Prof. Dr. Tiziani, für die gründliche Durchsicht und die sich daraus ergebenden wertvollen Hinweise.

Bei Herrn Dr.-Ing. R.-J. Ahlers und Herrn Dipl.-Ing. H. Kampa bedanke ich mich sehr für die ergebnisreichen Diskussionen und ihre Unterstützung, die diese Arbeit ermöglichten. Von den vielen Institutskollegen, die mich durch ihre Hilfe und anregende Kritik unterstützt haben, möchte ich mich namentlich bei den Herren Dr. K. Melchior, L. Schreiber, J. Kring, G. Kuhn, A. Rauba, S. Edel, T. Garbrecht, S. Pauly, P. Willems und K.W. Hammes bedanken.

Herrn Dr. Chung-Oh Lee und Herrn Dr.-Ing. Chun-Sik Lee vom KAIST/ Seoul und der koreanischen Regierung danke ich für die organisatorische und finanzielle Unterstützung. Meinen Eltern, die mich von Korea aus bei meiner Arbeit moralisch unterstützt haben, gilt mein ganz besonderer Dank.

Stuttgart, im August 1987 Hie-Sik Kim

Inhaltverzeichnis

## 0 Abkürzungen und Formelzeichen

(Abkürzungen)

| | |
|---|---|
| CCD | charge coupled device |
| DAC | Digital-Analog Wandler |
| ISO | International Standard Organization |
| KMG | Koordinatenmeßgerät(e)(s) |
| min. | Minimierung bei Optimierung |
| OPTICAD | Programm zur Berechnung der Abbildungen |

(Formelzeichen)

| | | |
|---|---|---|
| A | mm | Objektabstand |
| As | μm | Elementmittenabstand des Zeilensensors |
| BFL | mm | hintere Brennweite des Linsensystems |
| B | mm | Bildabstand |
| Bv | | Bildvergrößerungsfaktor |
| d(i) | μm | Distanz des Punkts von linearer Gleichung |
| do | mm | Durchmesser des Laserstrahls beim Ausgang |
| dx | mm | Durchmesser des Laserstrahls nach der Entfernung vom Strahlausgang |
| Dz | μm | Abstand zwischen Sehzäpfchen in der Netzhaut |
| E | | Element-Adresse des Videoausgangs |
| EFL | mm | effektive Brennweite des Linsensystems |
| Er | Amp.S/V.m | Dielektrizität beim kapazitiven Sensor |
| f | mm | Brennweite der Linse |
| FFL | mm | vordere Brennweite des Linsensystems |
| G | μm | Auflösung eines Tastsystems |
| h | J.S | Planck'sches Wirkungsquantum |
| H | μm | vertikale Verschiebung des Lichtflecks |

| | | |
|---|---|---|
| Hd | µm | Abstandsänderung zwischen Tastsystem und dem anzutastenden Objekt |
| I(I1,I2) | | Signalintensität der Sensoren |
| Io | | Lichtintensität der Laserstrahlmitte |
| l | mm | Meßbereich bei Rauheitsmessung |
| L | Ω | induktiver Widerstand |
| Ls | mm | Strecke der Längenmessung mit Meßmaschinen |
| OA | mm | Objektabstand vor dem Linsensystem |
| P | atü | Druck am pneumatischen Sensor |
| Pl | mm | Periodenlänge der Mikrogeometrie einer rauhen Oberfläche |
| Q | µm | virtuelle Änderung der Lichtfleckposition |
| Q/Hd | | Auflösungsfaktor nach der Position der Optik |
| R | µm | Rauheitswert der Oberfläche |
| Ra | µm | arithmetische Mittenrauhwert |
| Rp | µm | Glättungstiefe |
| Rs | µm | geometrische Mittenrauhwert |
| Rt | µm | maximale Rauhtiefe |
| Rz | µm | gemittelte Rauhtiefe |
| Rk | mm | Radius einer Tastkugel |
| S | µm | Standardabweichung der optischen Antastungen |
| St | µm | theoretische Auflösung des Tastsystems nach der Verkippung der Oberfläche |
| So | µm | Auflösung bei Grundeinstellung |
| T | °C | Temperaturänderung |
| U | µm | Meßunsicherheit der Meßmaschine |
| Vs | m/s | Schallgeschwindigkeit |
| Wf(2Wf) | mm | Durchmesser des fokussierten Laserstrahls |
| x | mm | Längenposition bei Rauheitsmessungen |
| X | mm | Abstand der anzutastenden Werkstückoberfläche |
| Xh | mm | Entfernung vom Strahlausgang einer Laserröhre |

| | | |
|---|---|---|
| Xr | mm | radiale Position der Intensitätsverteilung des Laserstrahls |
| Y(X) | μm | Profilordinaten der rauhen Oberfläche |
| Z | mm | Position der Pinole des Koordinatenmeßgeräts |

(Griechisch)

| | | |
|---|---|---|
| $\alpha$ | Rad | Winkel zwischen einfallendem Lichtstrahl und der Antastrichtung des Tastsystems |
| $\alpha 1, \alpha 2$ | Rad | Einfallswinkel und Reflexionswinkel |
| $\alpha$ | /°C | Wärmeausdehnungskoeffizient |
| $\beta$ | Rad | ortsbezogener Neigungswinkel einer Oberfläche |
| $\delta$ | /mm | Wahrscheinlichkeit der optischen Antastungen am Profil |
| $\phi$ | Rad | Positionswinkel der Abbildungsoptik |
| $\theta$ $(2\theta)$ | Rad | Divergenzwinkel des Laserstrahls |
| $\theta$ | Rad | Verkippungswinkel der Oberfläche |
| $\lambda$ | nm, μm | Lichtwellenlänge |

# 1 Einleitung

## 1.1 Hinführung zum Thema

Bei den Koordinatenmeßgeräten (KMG) handelt es sich um weit verbreitete Fertigungsmeßmaschinen. Die KMG zeichnen sich konventionellen Prüfmitteln gegenüber durch einen hohen Automatisierungsgrad, große Flexibilität und hohe Genauigkeit aus. Der Tendenz zur Automatisierung der Fertigung entsprechend, werden die CNC-KMG zunehmend für automatische Messungen eingesetzt /1/. Der Aufbau eines KMG mit angeschlossener Datenverarbeitungsanlage wird im Bild 1 dargestellt. Das Tastsystem am KMG stellt den Bezug zwischen dem Antastpunkt am Werkstück und dem Gerätekoordinatensystem her /1/. Mit dem Antastsignal des Tastsystems liest der Steuerrechner die dreidimensionale Position von den Maßstäben ab.

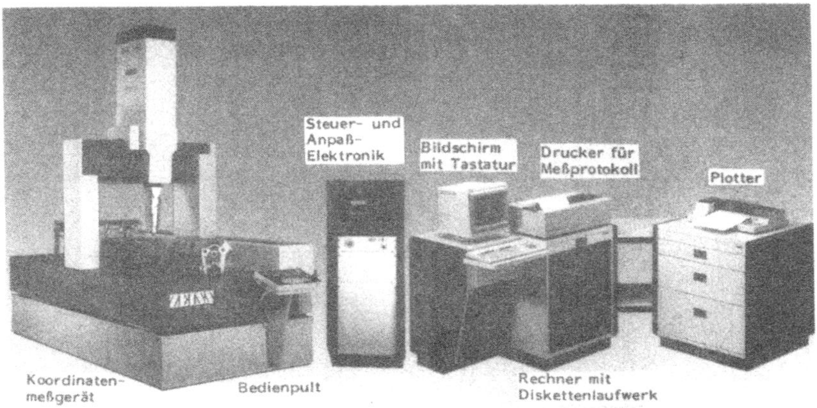


Bild 1: Aufbau eines Mehrkoordinatenmeßgerätes mit angeschlossener Datenverarbeitungsanlage

Der angeschlossene Rechner berechnet die Geometrien anhand der gelesenen Koordinaten und verknüpft diese zu Formelementen. Die rechnerische Verknüpfung der einzelnen Formelemente beim KMG ermöglicht die Form- und Lageprüfung komplizierter Werkstücke nach DIN 7184 (Form- und Lagetoleranzen) /2/. Das Tastsystem muß für eine kleine Meßunsicherheit reproduzierbare Bedingungen bei jedem Antastpunkt sicherstellen.

Anhand ihrer Funktionsprinzipien lassen sich die Tastsysteme in schaltende (mit externem Kontakt oder internem Mikroschalter) und messende (mit induktivem Wegaufnehmer) einteilen /2/ (Bild 2). Der induktive Tastkopf weist eine sehr hohe Genauigkeit gegenüber dem schaltenden auf. Diese herkömmlichen berührenden Tastsysteme können für universelle Messungen eingesetzt werden, es sind jedoch einige Nachteile, wie z.B. Durchbiegung des Taststiftes durch die Antastkraft, Verformung weicher Werkstücke, langsame Antastbewegungen usw. zu beachten.

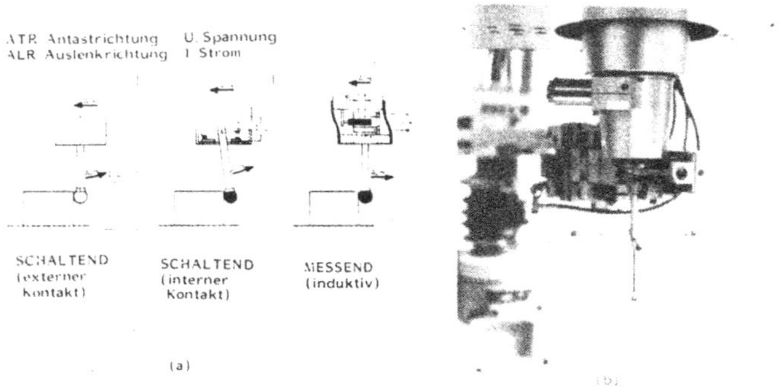


Bild 2: Funktionsprinzipien von messenden und schaltenden Tastsystemen (a) und ein induktiver Tastkopf mit automatischer Tasterwechseleinrichtung (b) /2/

Um solche Probleme zu beseitigen, sind in der letzten Zeit verschiedene berührungslose Meßgeräte und Taster auf dem Markt erschienen, z.B. bildverarbeitende optische KMG, Profilprojektoren mit optischem Tastauge, Durchmessermeßgeräte mit Lichtschnittverfahren und Laser-Taster für KMG /4/. Dabei werden verschiedene Prinzipien verwendet. Die heutige Technologie der optischen Sensoren bietet immer mehr Einsatzmöglichkeiten in der Präzisionsmeßtechnik /3,64/.

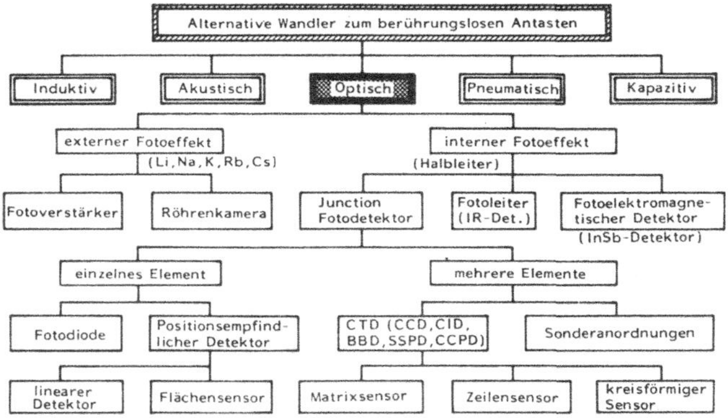


Bild 3: Alternative Sensoren zum berührungslosen Antasten.

Jedoch sind die o.g. Meßgeräte für umfassende Anwendungen bei hoher Genauigkeit zur Messung verschiedener Werkstückgeometrien noch nicht ausreichend. Mit der vorliegenden Abhandlung soll diesem Defizit durch die Entwicklung eines berührungslosen Tastsystems für KMG begegnet werden. Nach der Untersuchung alternativer Sensoren erweist sich das optische Verfahren als gut geeignet (Bild 3). Das sogenannte Triangulationsprinzip dient dabei als theoretische Grundlage und wird dann zur praxisnahen Anwendung für KMG weiterentwickelt. Im Hinblick auf eine hohe Antastgenauigkeit ist es dabei unerläßlich, den Einfluß der Oberflächenrauheiten zu untersuchen.

## 1.2 Problemstellung und Vorgehensweise

Die Probleme berührender Tastsysteme resultieren überwiegend aus der Antastkraft. Die Nachteile sind im Vergleich zu berührungslosen Tastsystemen wie folgt gekennzeichnet (Bild 4):

- Meßfehler aufgrund der Taststiftdurchbiegung,
- Verbiegung von dünnen oder langen Werkstücken,
- Verformung der Werkstückoberfläche beim Antasten,
- Verformung des Werkstücks infolge der Aufspannkraft,
- Aufwendige Aufspannung des Werkstücks auf der Meßplatte,
- Verschleiß des Tasters,
- Tastereinmeßzeit am Anfang des Meßlaufs,
- Langsame und mehrstufige Verfahrwege,
- Beschädigungsgefahr des Werkstücks/Tasters sowie
- Meßfehler bei räumlich gekrümmten Flächen.

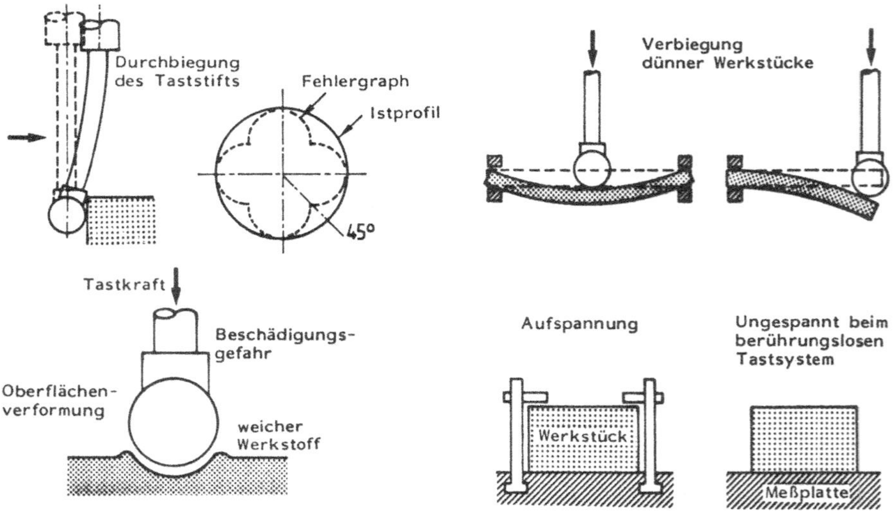


Bild 4: Probleme bei berührenden Tastsystemen

Zur Beseitigung der obengenannten Probleme wurde ein berührungsloses Tastsystem entwickelt. Die Arbeitsschritte sind in Bild 5 dargestellt. In der ersten Phase der Arbeit soll eine befriedigende Wiederholgenauigkeit mit einer den Anforderungen gemäß konzipierten Versuchseinrichtung gewonnen werden. In der nächsten Phase werden Vorrichtungen zum Einsatz am KMG weiter verbessert.

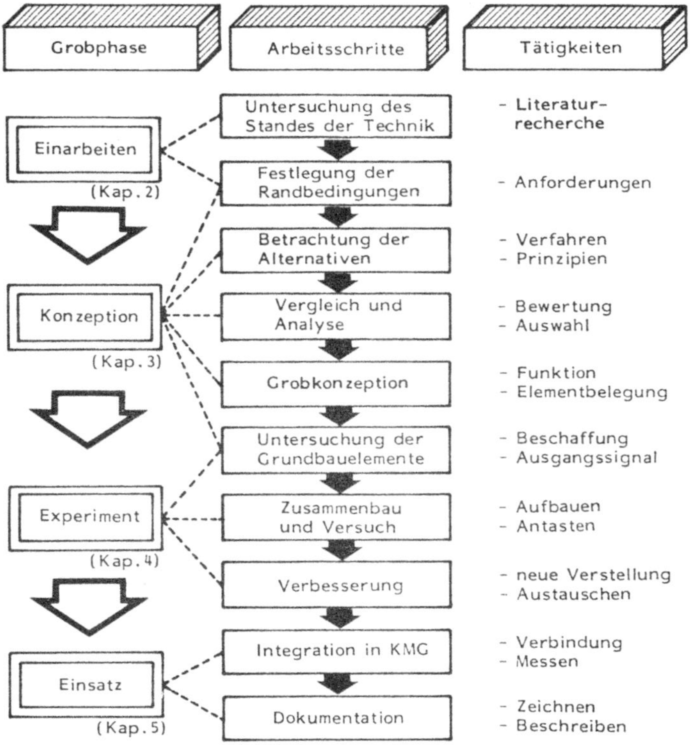


Bild 5: Vorgehensweise zur Entwicklung eines berührungslosen Tastsystems

# 2 Stand der Technik

Zur Beschreibung der Ausgangssituation wird der Stand der Technik bei berührungslosen Tastsystemen und Meßsystemen für das Messen geometrischen Größen analysiert. Die beiden Systeme werden in getrennten Abschnitten behandelt. Dem schließt sich eine Marktübersicht an und es wird die Notwendigkeit einer Entwicklung eines neuartigen berührungslosen Tastsystems abgeleitet.

## 2.1 Definition

Um die Tast- und Meßsysteme bei der Ermittlung des Standes der Technik treffend einzuteilen, werden an dieser Stelle wesentliche Begriffe erläutert.

Berührungsloses Verfahren: Mit Hilfe geeigneter Wandler werden die Meßwerte ohne mechanisches Antasten des Werkstücks bzw. Meßobjekts aufgenommen, z.B.: optisch, induktiv, akustisch, kapazitiv, pneumatisch, usw..

Tastsystem: Als wichtiger Teil der Meßgeräte meldet es die Bezugsposition des Antastpunkts am Meßobjekt relativ zu dem Maßstab der Meßgeräte /1/.

Messendes Tastssytem: Die Auslenkung aus der Nullposition des Tastssytems wird durch einen Wegaufnehmer erfaßt. Der Meßwert setzt sich damit zweistufig aus den am Meßstab und am Tastsytem angezeigten Werten zusammen /8/.

Schaltendes Tastsystem: Das Öffnen eines Kontaktes durch die Tasterauslenkung beim Tastvorgang erzeugt ein Schaltsignal zum Ablesen der Koordinaten in den Meßachsen /8/.

Meßkreis: Bei geometrischen Messungen bildet ein Meßgerät oder ein Meßzeug mit dem Meßobjekt zusammen einen Wirkungskreis, den Meßkreis. Der Taster ist ein Element dieses Meßkreises. Die Unvollkommenheit der Elemente im Meßkreis verursacht Meßabweichungen /14/.

Dimension des Tastsystems: Die Anzahl der ohne mechanische Bewegungsachse antastbaren Richtungen mit dem Tastssytem. Für räumliche Messungen erfordern die 1D-, und 2D- Tastsysteme zusätzliche Bewegungsachsen, z.B. ein Rundtisch oder eine Schwenkeinheit.

## 2.2 Berührungslose Tastsysteme für Koordinatenmeßgeräte

Mehrere Firmen sind an der Entwicklung eines berührungslosen Tastsytems interessiert und haben unterschiedliche Verfahren entwickelt. Diese vorhandenen Tastsysteme werden nach ihren Antastprinzipien wie folgt gegliedert und beurteilt:

### (1) He-Ne-Laser mit CCD-Zeilensensor

Hier wird das Triangulationsverfahren verwendet. Ein auf der Oberfläche des Prüflings fokussierter Lichtfleck wird durch eine Optik auf die Sensorzeile abgebildet. Die Position der Abbildung, die sich mit dem Abstand zwischen der Oberfläche und dem Tastsystem ändert, wird nach dem Triangulationsgesetz ausgewertet (Bild 6). Der CCD-Zeilensensor bietet eine hohe Auflösung mit Hilfe seines kleinen Sensormittenabstandes /15,16,42,43,47,51/. Die Auswertungselektronik für dieses Tastsystem ist relativ kompliziert.

(2) Laserdiode mit positionsempfindlichem Sensor

Dieses Verfahren arbeitet ebenfalls nach dem Triangulationsprinzip. Aufgrund der kleinen Abmessung der Lichtquelle und des Sensors erlaubt es eine kleine Baugröße. Der positionsempfindliche Detektor erfordert eine punktförmige Beleuchtung. Die hohe Bildvergrößerung des Lichtflecks auf der Wandlerfläche ist zur feinen Auflösung erforderlich, sollte jedoch wegen flächenhafter Abbildung bei diesem Verfahren begrenzt werden. Seit kurzer Zeit bieten einige Firmen derartige Taster für Koordinatenmeßgeräte an /18,35/. Bild 6 zeigt das Prinzip und einen käuflichen Tastkopf.

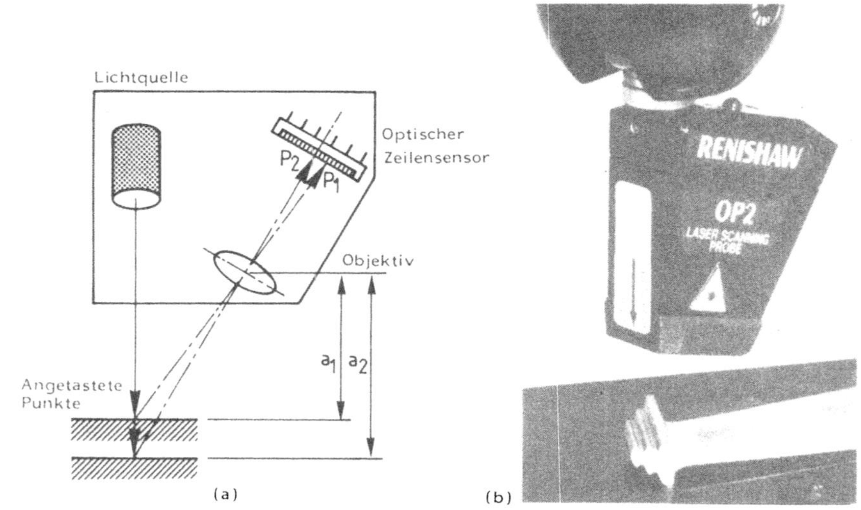


Bild 6: Prinzip des Triangulationstasters (a) und käuflicher Tastkopf für KMG (b) (Werkbild: Renishaw)

(3) Mikrooptischer Fokussensor

Dieser Sensor besteht aus einem Halbleiterlaser, einem Strahlteilerwürfel, einer Abschattungskante, einem Vier-Quadranten-Empfänger, einer hinteren und einer vorderen Optik. Der Taster erzeugt einen kleinen Lichtfleck mit dem Durchmesser von 2 $\mu$m auf der anzutastenden Oberfläche. Das von der Oberfläche reflektierte Licht gelangt wieder durch zwei Optiken zum Empfänger. Aufgrund der Wirkung der Abschattungskante im Fokus erhalten diese vier Fotosensoren je nach dem Abstand von der Oberfläche eine unterschiedliche Bestrahlung /3/. Bild 7 stellt Schema und Wirkungsweise dar. Der optische Taster erreicht eine sehr hohe Genauigkeit, z.B. kleiner als 0.3 $\mu$m. Diese Feinheit erlaubt den Einsatz als präzisen Abtaster in der Rauheitsmessung. Nachteilig sind bei diesem Taster der geringe Meßbereich und der enge Arbeitsraum. Dadurch kann bei der Antastbewegung die Gefahr einer Kollision mit dem Werkstück entstehen.

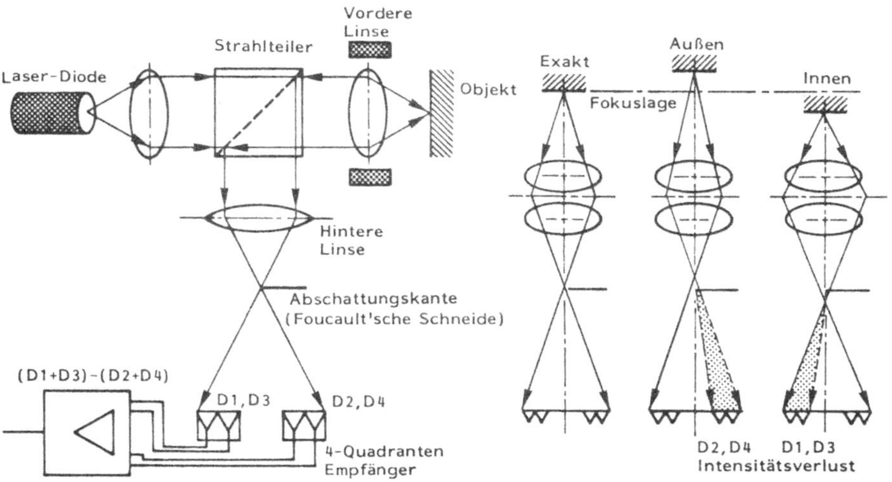


Bild 7: Prinzip und Wirkungsweise eines mikrooptischen Präzisionstasters /3/

(4) LED mit einzelnem Fotosensor

Eine LED bzw. Laserdiode wird als Lichtquelle eingesetzt und strahlt auf das Prüfobjekt. Ein Teil des von der Oberfläche reflektierten Lichts erreicht den Fotosensor. Das analoge Ausgangssignal des Fotosensors ist abhängig von der Lichtintensität, die sich nach dem Objektabstand richtet. Zur Antastung wird das Signal digitalisiert. Vorteilhaft ist der relativ einfache Aufbau des Tasters /15/. Helligkeit und Reflexionsvermögen der zu messenden Oberfläche beeinflussen dabei die Genauigkeit sehr. Durch eine Einstellung des elektronischen Verstärkers kann jedoch die Antastgenauigkeit bis zu einem Hundertel-mm erhöht werden. Eingesetzt wird der LED-Taster in der Karosserievermessung (Bild 8). Beim optischen Näherungsschalter, der ebenfalls nach diesem Prinzip arbeitet, handelt es sich um das Erkennen der Annäherung eines Objekts in einem bestimmten Abstand. Der optische Sensor einer Lichtschranke kann auf derselben Seite wie die Lichtquelle oder ihr gegenüber aufgestellt werden. Beim optischen Hebel werden zwei Glasfaser-Lichtleiter für Sender und Empfänger zusammen gebündelt. Der optische Hebel wird für Abstandmessungen eingesetzt /16,19,36/.

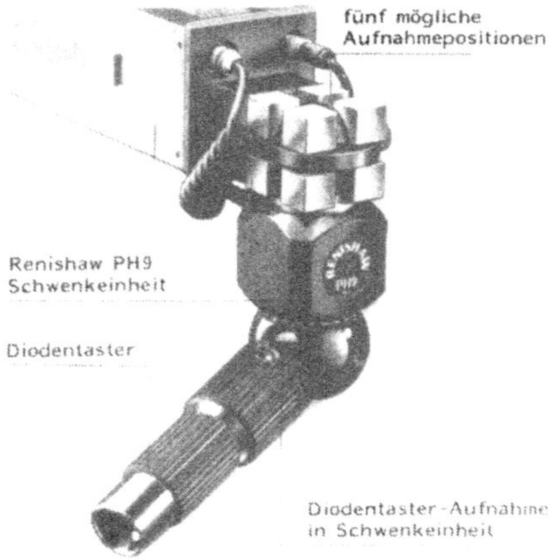


Bild 8: Berührungsloses schaltendes Tastsystem
(Werkbild: Stiefelmayer)

(5) Bildverarbeitende Taster

Eine Video-Matrixkamera wird zur Bildverarbeitung der Werkstückgeometrien verwendet. Der Hell-Dunkel-Übergang von der Abbildung auf der Sensorebene wird für die Antastung der Kante benutzt /41,45/. Eine saubere Kante des Werkstücks im Abbild ergibt eine genaue Bestimmung. Diese Einrichtung wird in Verbindung mit einem normalen KMG, oder einem XY-Meßtisch und einer Bewegungsmöglichkeit in Richtung der Z-Achse eingesetzt /5/. Die Antastung in Richtung der Z-Achse in der 3D-Messung wird durch die automatische Fokussierung erreicht. Deswegen ist die Genauigkeit der Höhenmessung beim optischen KMG geringer als die X,Y-Messung. Hier hängt die Meßunsicherheit von der Bildvergrößerung und der Auflösung der Verschiebeeinheit ab. Für das Vermessen der Präzisionsteile wird ein Mikroskop als Bildvergrößerungsoptik verwendet. Die meisten bildverarbeitenden Meßgeräte werden zur CNC-Messung mit einem angeschlossenen Rechner angeboten. Bild 9 zeigt ein KMG, bei dem eine Videokamera statt eines berührenden Tastkopfs eingesetzt wird.

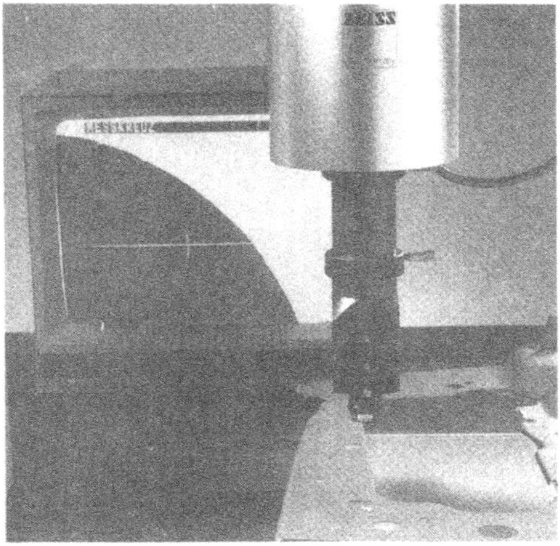

Bild 9: Optisches Tastsystem an einem Koordinatenmeßgerät (Werkbild: Zeiss)

## 2.3 Berührungslose Meßgeräte

Berührungslose Längenmeßverfahren können mit einer Signalanpassung für ein berührungsloses Tastsystem umgesetzt werden. Anhand ihres Einsatzgebietes lassen sich die berührungslos arbeitenden Meßgeräte wie folgt gliedern und hinsichtlich der Verwendung des Prinzips als Tastsystem des KMG analysieren:

### (1) Vermessung von kleinen Werkstückgeometrien

Das optoelektronische KMG bzw. das Werkstatt-Meßmikroskop mit Videokamera werden zur zwei- oder dreidimensionalen Geometriemessung von kleinen Werkstücken eingesetzt, z.B. Vidicom 650 der Fa. C.E.Johansson. Solche Ausführungen werden von mehreren Firmen, z.B. Fa. Leitz/ Wetzlar, entwikkelt und angeboten (Bild 10) /49/. Dabei wird die Kantenantastung, mit der eine dreidimensionale Meßgeometrie nicht vollständig erfaßt wird, eingesetzt.

Bild 10: Optoelektronisches Koordinatenmeßgerät
(Werkbild: Leitz)

(2) Lichtschnitt-Meßverfahren für gekrümmte Flächen

Eine durch Laserlicht erzeugte Lichtebene wird auf das Profil eines Prüfteils projiziert. Diese sichtbare Linie wird von einer unter einem bekannten Winkel eingestellten Matrixkamera aufgenommen und das Bildsignal wird zur 3D-Messung verarbeitet /5,27/.

(3) 2-dimensionale Geometrienmessung mit Profilprojektoren

Bei Profilprojektoren wird das Werkstück mit 2-dimensionalen Geometrien auf einem Bildschirm vergrößert abgebildet und vermessen. Dabei sitzt zur Bestimmung des Hell-Dunkel-Übergangs der Abbildung ein sogenanntes Tastauge (Optoeye) in der Mitte des Bildschirms, z.B. Record 600 der Fa. Werth/Giessen, PJ-311 der Fa. Mitutoyo, Fa. Nikon/Japan. Das Tastauge ist aus einem Fotoverstärker bzw. einer Fotodiode und einem Lichtleiter aufgebaut /4/. Die Koordinaten der anzutastenden Werkstückkanten werden nach diesem optischen Tastsignal von den numerischen Bewegungsachsen des Meßtisches abgelesen /17/. Durch Verarbeitung dieser Koordinaten werden die Geometrien dünner Werkstücke, z.B. Stanzteile, automatisch ermittelt (Bild 11).

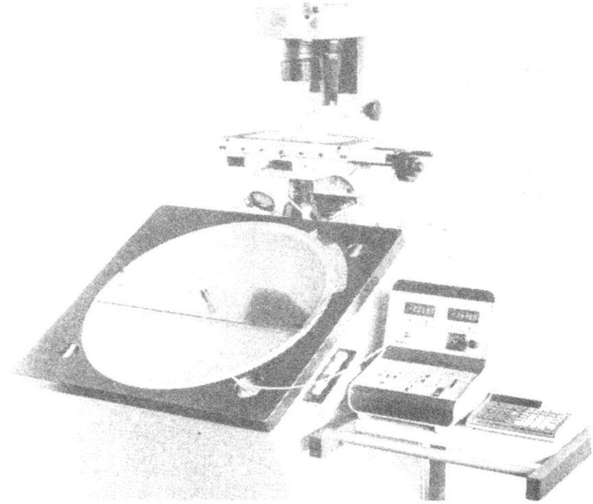

Bild 11: Profilprojektor mit Tastauge (Werkbild: Werth)

(4) Eigenständiger Meßplatz

Die Lasersonde "Delta 2" der Fa. Blum/Ravensburg, die nach dem Triangulationsprinzip mit CCD-Zeilensensor arbeitet, stellt einen eigenständigen Meßplatz dar. Diese Sonde kann unabhängig von einem KMG, z.B. in der Montage- bzw. Fertigungslinie eingesetzt werden.

(5) Vermessung zylinderförmiger Teile

Die Geräte "CNC-Shaft-Inspecter" der Fa. OEM/ München, "Zygo-LTS" der Fa. Oriel/Darmstadt und "Profi-$\phi$-Mike" der Fa. Stenzel/Wiesbaden-Schierstein messen die Zeit zwischen Hell-Dunkel-Übergängen, bzw. das Schattenbild beim Scanning eines Laserstrahls senkrecht zu der Zylinderachse /4/. Der Abstand zwischen den Höhenstufen der Drehteile wird mit der optischen Abtastung und durch einen numerischen Maßstab in Achsrichtung ebenfalls gemessen (Bild 12). Die Meßeinrichtung "UDM400" der Fa. Stolz/Schweiz enthält ein CCD-Zeilensensor mit 4000 Pixels. Das beleuchtete Werkstück wird durch eine ausgewählte Optik auf diesen Bildwandler abgebildet und nach einer Verarbeitung im Steuerrechner wird der Durchmesser berechnet /53/. Die Meßsysteme "Profil-50" der Fa. TESA/Schweiz und "OMS" der Fa. Georg Fischer decken ähnliche Meßaufgaben ab /62/.

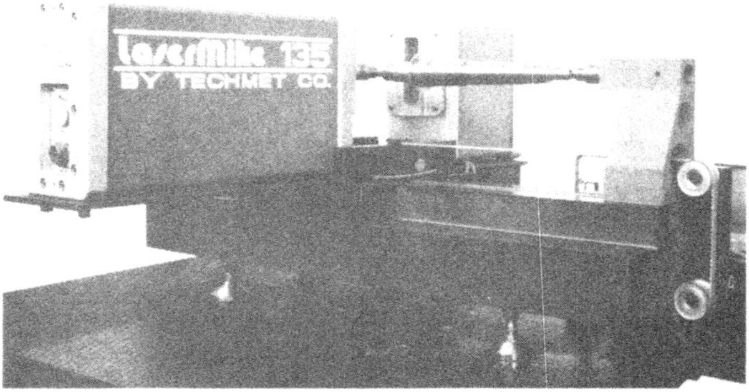


Bild 12: Meßgerät für zylinderförmige Werkstücke
(Werkbild: Techmet Co.)

(6) Mikroformprüfung und Oberflächenrauheitsmessung

Mit dem mikrooptischen Fokussensor vom CD-Player erreicht man eine Längenmessung im Meßbereich von wenigen Millimetern, z.B. UBM/Stuttgart. Der kleine Lichtfleck auf der Oberfläche ergibt eine hohe Genauigkeit. Die Tiefenauflösung liegt im Bereich eines Bruchteils eines $\mu$m, während die seitliche Auflösung im Mikrometerbereich liegt, abhängig von Brennweite.

Der Laser-Stylus "RM600" der Fa. Rodenstock/Herrsching tastet die Mikrogeometrien der Werkstückoberfläche ab. Es wird eine hohe Auflösung im nm-Bereich erreicht.

(7) Große Werkstückgeometrien

Die elektronischen Theodoliten der Fa. Wild/Schweiz oder der Fa. Zeiss/Oberkochen eignen sich zur Vermessung sehr großer Werkstücke, z.B. Flugzeugteile, Schiffsbau und Behälterbau (Bild 13) /5/. Wesentliche Vorteile dieses Meßsystems sind der große Meßraum und die gute Transportabilität.
Es besteht sogar die Möglichkeit, ein gewöhnliches Meßprogramm für KMG wie z.B. UMESS, zur Auswertung der Geometrien zu verwenden /41/.

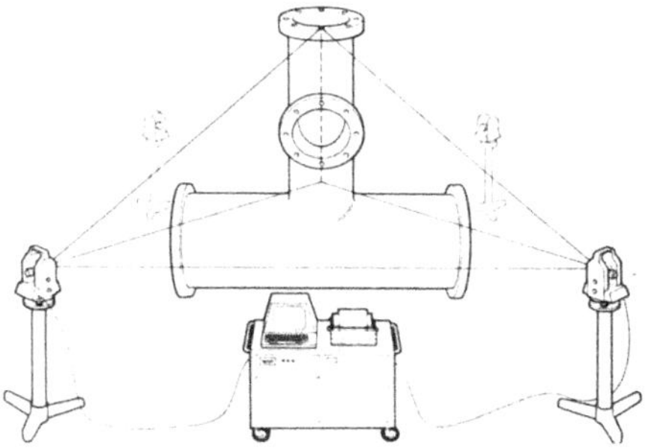

Bild 13: 3-D Messung mit Theodoliten (Werkbild: Wild-Leitz)

(8) Justierung von Meßmaschinen mit Laserinterferometer

Zur Justierung bzw. Prüfung von Meßmaschinen und Werkzeugmaschinen mit einer ausreichenden Genauigkeit und in einem genügend großen Meßbereich eignet sich nur die Laserinterferometrie (Bild 14).

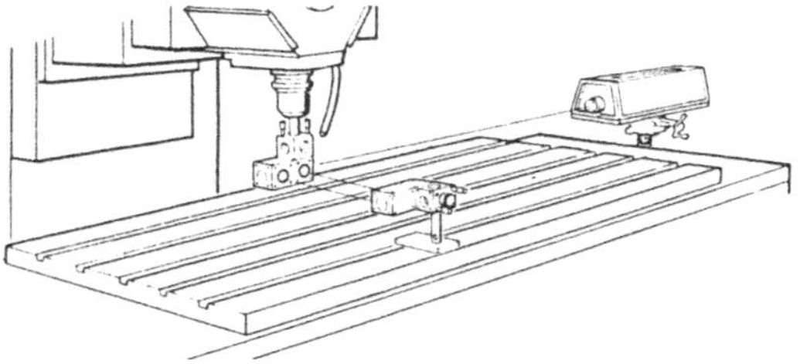

Bild 14: Messung mit Laserinterferometer
(Werkbild: Hewlett-Packard)

(9) Holographische Vermessung gekrümmter Oberfläche

Durch die Interferogrammauswertung bzw. Streifenanalyse, z.B. Fa. Oriel/Darmstadt, wird eine gekrümmte Fläche oder die Mikrostruktur einer Oberfläche schnell analysiert. Die Genauigkeit mit diesem Verfahren liegt unterhalb eines Zehntels der Lichtwellenlänge /40,46,65/.

(10) Abstand- bzw. Füllmengenmessung

Mit induktiven oder akustischen Verfahren werden in der Praxis die Abstände zwischen dem Sensor und dem Meßobjekt gemessen /58/. Bei metallischen Werkstücken werden induktive Näherungsschalter vielseitig verwendet /12/.

## 2.4 Marktsituation

Beim berührungslosen Messen werden verschiedene Sensoren verwendet, z.B. optische, induktive, akustische, kapazitive und pneumatische. Das optische Verfahren wird vorzugsweise bem industriellen Vermessen eingesetzt, da die anderen Verfahren auf Einsatzgrenzen aufgrund zu großer Meßunsicherheit und zu eng gefaßter Anforderungen an den Werkstoff und an die Werkstückformen stoßen /22/.

Die optischen Meßgeräte und Taster werden immer weiter entwickelt und für die berührungsfreie Vermessung der Werkstückgeometrien wiederholt eingesetzt, z.B. optische Koordinatenmeßgeräte mit Bildverarbeitung, holographisches Meßverfahren, optische Zeilensensoren mit Triangulationsverfahren sowie Reflexionslichtsensoren.

Fast alle optischen Meßgeräte bieten durch eine serielle Schnittstelle (RSC232-C) die Anschlußmöglichkeit an einen Auswertungs- bzw. Steuerrechner. Damit ist ein Schritt in Richtung der heutigen erforderlichen Automatisierung in der Qualitätssicherung getan /49/.

Beim optischen Taster wird der Taster "OP2" der Fa. Renishaw/ England von einigen KMG-Herstellern eingesetzt. Zusammen mit der PH9 Schwenkeinheit zeigt der Taster außer bei schmalen bzw. tiefen Meßgeometrien gute Antastmöglichkeiten. Bei diesem Taster besteht jedoch die Schwierigkeit der Tasterbestimmung, so daß bei unterschiedlichen Oberflächeneigenschaften immer neu eingemessen werden muß. Aus diesem Grund benötigt der Taster noch weitere Verbesserungen, um so verschiedene Werkstückgeometrien und -oberflächen abdecken zu können.

Der Lasertaster der Fa. TESA/ Schweiz ist mit dem Hinweis, daß die Elektronik verbessert werden müßte, vom Markt zurückgezogen worden. Der "Dioden-Taster" der Fa. Stiefelmayer/ Esslingen zeigt die Anwendungsmöglichkeiten in der Karosserievermessung.

Die bisher entwickelten berührungslosen Taster für Koordinatenmeßgeräte können die Anforderungen der industriellen Meßtechnik nur begrenzt erfüllen. Ihre Meßunsicherheit ist noch zu groß hinsichtlich der erforderten Toleranz (z.B. kleiner als 10 $\mu$m) bei hochgenauen Werkstücken. Ein tief versetzter Tastpunkt bei kleiner Meßgeometrie kann damit kaum erreicht werden. Farbe, Helligkeit, Rauheit sowie Neigung der anzutastenden Oberfläche beeinflussen die Antastgenauigkeit sehr stark. Die bildverarbeitenden Taster sind für räumliches Antasten schlecht geeignet.

Aus diesem Grund ist ein berührungsloses Tastsystem mit folgenden Verbesserungen notwendig:

- Erhöhung der Antastgenauigkeit
- kollisionsarme Annäherung bei verschiedenen Meßgeometrien
- Antastmöglichkeit unabhängig vom Werkstoff
- Antastung bei beliebigen Neigungen der Fläche
- Beseitigung des Einflusses der Oberflächeneigenschaften.

Die Entwicklung eines Tastsystems wie es oben beschrieben wurde, ist das Vorhaben dieser Arbeit. Die geforderten Randbedingungen zur Konstruktion eines Tastsystems sind im folgenden Kapitel weiter detailliert ausgeführt. Die Vorteile des nach diesem Vorhaben entwickelten Tastsystems gegenüber vorhandenen Sytemen sind im Kapitel 5 dargestellt.

# 3 Konzeption eines Tastsystems

## 3.1 Anforderungen

Zur Konzeption eines Tastsystems werden folgende Anforderungen berücksichtigt.

(1) Hohe Genauigkeit

Die Genauigkeit ist eine Hauptanforderung bei der Entwicklung einer Meßeinrichtung. Die heutigen KMG weisen eine Meßunsicherheit im Bereich von 1 bis 10 Mikrometer auf. Beim Tastsystem soll die Genauigkeit der KMG erhalten bleiben. Das Tastsystem soll für das Messen von Präzisionsteilen geeignet sein.

(2) Flexibilität nach Werkstückgeometrie

Um verschiedene Werkstückgeometrien wie z.B. kleine Innenmaße, schmale Nuten, Schlitze, Bohrungen, Kreissegmente und komplizierte Geometrien vermessen zu können, soll der Tastkopf klein sein. Die Optiken und die Beleuchtungseinrichtung des Tastsystems sollten deshalb möglichst aus Miniaturbauelementen ausgewählt werden. Die Annäherung in allen Antastrichtungen sollte auch berücksichtigt werden.

(3) Messung bei verschiedenen Werkstückoberflächen

Bei der Lichtreflexion von einer Oberfläche sind je nach Werkstoff, Helligkeit, Farbe, Oberflächenrauheit sowie Bearbeitungsrichtung sehr verschiedene Einflüsse zu berücksichtigen. Beispielsweise normale Diffusionsreflexion, Spiegelung, gemischte Reflexion und große Lichtabsorption.

Die Werkstückoberflächen aus Stahl, legiertem Stahl, Eisen, Aluminum, Kunststoff oder Glas reflektieren den einfallenden Lichtstrahl nicht gleich. Die Antastung ohne Genauigkeitsverlust an Oberflächen mit unterschiedlichen Rauheiten und Reflexionsverhalten, die durch Bearbeitungsverfahren und verschiedene Materialien hervorgerufen werden, ist vorgesehen.

(4) Automatische Steuerung

Die modernen KMG können fast alle im sogenannten CNC-Betrieb mit einem Mikro- bzw. Minirechner arbeiten. In Hinblick auf eine automatisierte Wechseleinrichtung der Werkstücke beim CNC-Meßlauf sollte ein Tastsystem eine kollisionsarme Annäherung und Antastung gewährleisten. Ein bestimmter Arbeitsraum vor dem Taster ist deswegen notwendig.

(5) Schneller Meßlauf

Um eine möglichst kurze Meßzeit zu erhalten, müssen die Tasterbestimmung, die Antastbewegung, die Meßwertaufnahme und die Zwischenbewegungen schnell durchgeführt werden. Um zumindestens auf gleich gute Zeiten wie bei einem mechanischen Präzisionstastkopf zu kommen, darf das Antasten max. 1,5 Sekunde dauern.

(6) Sicherheit für Bediener

Ein Laserstrahl kann das Auge des Gerätebedieners gefährden. Eine Regelung der Leistung des Laserstrahls sollte je nach Bedarf von der Steuerung berücksichtigt werden. Jegliche Gefahr für das Bedienungspersonal muß ausgeschlossen werden.

(7) Keine Beschädigungsgefahr

Die Umform- oder Beschädigungsgefahr des Werkstücks und des Tasters sind bei berührungslosem Antasten gering, da prinzipiell keine Antastkraft bzw. Kontakt befindlich ist. Eine Sicherung gegen Kollisionen bei Steuerungsfehlern soll trotzdem berücksichtigt werden.

(8) Wirtschaftlichkeit

Die Wirtschaftlichkeit entscheidet über die Einsatzmöglichkeiten neuer Technologien in der Praxis. Eine lange Nutzungsdauer und eine einfache Instandhaltung der Bauelemente des Tastsystems erlauben niedrige Betriebskosten. Die Auswahl preiswerter Bauelemente dem Markt und eine fertigungsgerechte Konstruktion erniedrigen die Herstellkosten des zu entwickelnden Tastsystems.

## 3.2 Lösungsvarianten und Bewertung

### 3.2.1 Berührungslose Antastprinzipien

Die folgenden Prinzipien bzw. Meßwertaufnehmer ermöglichen das berührungslose Antasten. Die wesentlichen Eigenschaften der möglichen Wandler werden kurz erläutert und hinsichtlich des Einsatzes in einem Tastsystem bewertet. In Bild 15 sind die Alternativen schematisch dargestellt.

(1) Optisch:

Bei optischen Sensoren ergibt sich die Möglichkeit der punktförmigen Antastung und dadurch eine kleine Antastunsicherheit. Beispielsweise könnte ein Bildwandler oder optischer Näherungsschalter verwendet werden. Die optischen Sensoren werden nach ihren Typen im Abschnitt 3.2.3 detailliert dargestellt.

(2) Induktiv:

Durch die Impedanzänderung einer Spule bei der Annäherung an eine metallische Fläche ergibt sich ein abstandsproportionales Signal /12,61/. Die gute Linearität des Ausgangssignals bezüglich der Entfernung zwischen Oberfläche und Taster gewährleistet eine genaue Antastung mit reproduzierbaren Schaltpunkten im Mikrometerbereich. Der Aufbau des Tastkopfs ist relativ kostengünstig. Eine kleine Abmessung dieses Sensors ermöglicht eine kollisionsarme Annäherung an die Werkstückgeometrien /12,61/. Als induktiver Näherungsschalter bzw. berührungsloses Wegmeßsystem wird dieses Prinzip in der Industrie verbreitet eingesetzt.

Die eingeschränkte Wahl des Werkstoffs würde sich dabei nachteilig auswirken. Die elektro-magnetische Induktion wirkt nur auf elektrischleitende Werkstoffe. Hier gibt es unterschiedliche Meßsignale je nach der Art des angetasteten Materials (Kupfer: Stahl= 100:40). Die Werkstücke aus Kunststoff, Glas, Holz oder Gummi können also mit diesem Sensor nicht abgedeckt werden.

Die Größe der Antastfläche beträgt für ungeschirmte Sensoren etwa das 3-fache des Sensordurchmessers, für geschirmte Sensoren das 1,5-fache. Wegen dieser flächenförmigen Antastung treten bei Umgebungsgeometrien, z.B. Kanten, Ecken, Bohrungen oder Dornen, immer große Störungen auf.

(3) Akustisch:

Die Laufzeit von Ultraschallsignalen wird zur Vermessung des Abstandes verarbeitet. In der Regel sind Sender und Empfänger ein Element /12/. Dabei ist die sehr lange Meßstrecke von bis zu 50 m ein Vorteil, die relativ große Meßunsicherheit im cm-Bereich hingegen ein schwerwiegender Nachteil. Für Luft beträgt die Ausbreitungsgeschwindigkeit unter normalen Bedingungen (20°C, 760 mmHg) $V_s$ = 343 m/s, die je nach Klimaänderung beeinflußt wird.

Die Schallwelle hat eine starke Tendenz zur Beugung, wodurch sie sich in alle Richtungen ausbreitet. Darum können nur breite und ebene Flächen angetastet werden.

(4) Kapazitiv:

Die Kapazität wird nach der Annäherung eines Mediums an einem Schwingkreiskondensator geändert /12/. Im Gegensatz zum induktiven Prinzip werden damit zusätzlich die Isolierstoffe angesprochen, deren Dielektrizitätskonstanten größer als eins sind. Einsatzgebiete sind z.B. Füllstandkontrolle von Zement, Zucker, Öl, Wasser usw. Für metallische Werkstoffe ist das Verfahren ebenfalls geeignet.

Nachteilig ist jedoch die starke Abhängigkeit der Dielektrizitätskonstanten von Feuchtigkeit im Material und in der Luft zwischen Sensor und Werkstück. Diese Änderung wirkt sich unzulässig stark auf das Ausgangssignal bzw. Meßergebnis aus.

(5) Pneumatisch:

Die Druckänderung an einer Düse ist in einem gewissen Bereich proportional zu dem Abstand /12/. Dadurch würde ein Einsatz als Tastsystem ermöglicht. Dieses Meßprinzip ist vorteilhaft, weil es für alle Werkstoffe anwendbar erscheint. Die Abhängigkeit des Signaldruckes von der Änderung des Speisedrucks bei Düse-Prallplattesystemen oder Ringstrahlsensoren kann durch die Verwendung von Ejektordüsen vermieden werden.

Der Nachteil des fluidischen Verfahrens besteht in einer Kraftwirkung auf das Werkstück. Zudem fließt die Druckluft bei Antastungen in tiefen Bohrungen nicht schnell genug aus und der erhöhte Umgebungsdruck hat einen Einfluß auf das Ausgangssignal /22/. Bei der Antastung an eckigen Geometrien bewirken andere Störeffekte eine unerwünschte Erhöhung oder Verminderung des Staudruckes.

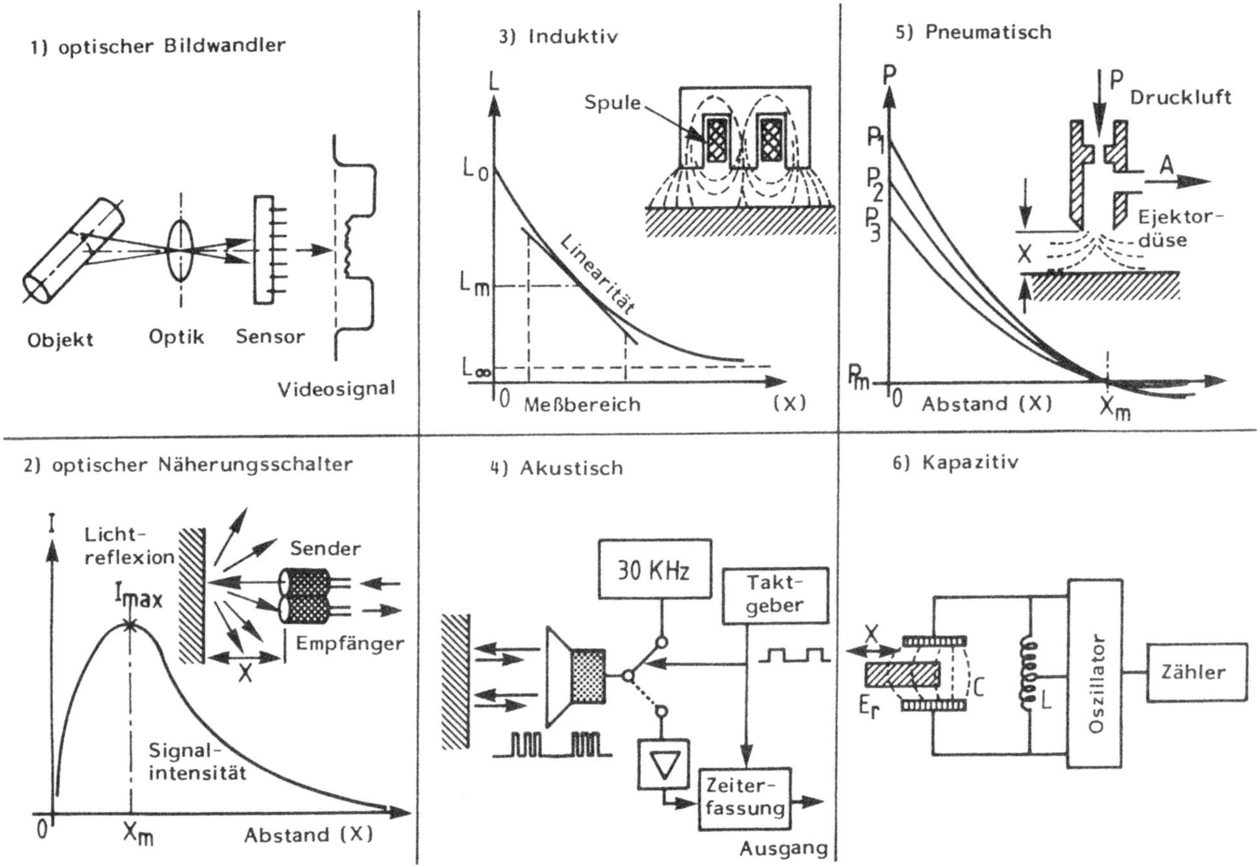


Bild 15: Alternativen berührungsloser Antastprinzipi'en

### 3.2.2 Auswahl einer geeigneten Sensorart

Unter Berücksichtigung der wesentlichen Randbedingungen werden mögliche berührungslose Antastverfahren bewertet (Tabelle 1).

BEWERTUNG BERÜHRUNGSLOSER ANTASTPRINZIPIEN

| Kriterium \ Verfahren | optisch | | induktiv | | akustisch | | kapazitiv | | pneumatisch | |
|---|---|---|---|---|---|---|---|---|---|---|
| Genauigkeit | fein | + | fein | + | grob | – | mittel | 0 | mittel | 0 |
| Antastfläche | klein | + | mittel | 0 | sehr groß | – | groß | – | groß | – |
| Werkstoff-auswahl | unkritisch | + | nur metallische | – | unkritisch | + | alle mit Einstellung | + | unkritisch | + |
| Werkstück-geometrie | sehr flexible | + | keine scharfen Kanten | – | nur große Fläche | – | nur ebene Fläche | – | keine tiefen Bohrungen | 0 |
| freier Arbeitsraum | groß | + | eng | – | sehr groß | + | klein | 0 | eng | – |
| Urteil | sehr geeignet | | geeignet | | nicht geeignet | | nicht geeignet | | nicht geeignet | |

(+ gut, 0 neutral, - schlecht)

Tabelle 1: Bewertung berührungsloser Antastprinzipien

Die nicht-optischen Verfahren erlauben keine punktförmige Antastung. Zur Messung von kleinen Geometrieelementen sind sie deshalb nicht geeignet. Die unebenen Formen an der Werkstückfläche, z.B. Nuten, Bohrungen, Kanten, Ecken, Stufen sowie Dorne, beeinflussen das Ausgangssignal des flächenhaften Tastsensors. Dadurch treten Meßfehler auf. Das optische Verfahren zeigt dagegen eine gute Eignung durch die kleine Antastfläche. Bei besonderen Bedingungen könnte ein induktives Tastsystem angewandt werden.

### 3.2.3 Auswertung optoelektronischer Sensoren

Entsprechend der im vorangegangenen Abschnitt beschriebenen Beurteilung der alternativen Verfahren ist das optische Verfahren am besten geeignet. Hierfür muß ein noch konkretes Prinzip aus den zur Verfügung stehenden optischen Sensoren ausgewählt werden. Die jeweiligen Eigenschaften werden hinsichtlich des Tastsystems folgendermaßen beurteilt:

(1) Fotodiode

Das von einem Lichtfleck, der von einem LED-Sender auf die Oberfläche geworfen wird, reflektierte Licht wird von einer Fotodiode empfangen. Die Intensität der von der Fotodiode absorbierten Lichtenergie erzeugt ein Analogsignal, das von der Entfernung abhängig ist.

Mit diesem Prinzip wird ein Sensorsystem, ähnlich dem eines optischen Näherungsschalters, jedoch einfacher und günstiger aufgebaut. Die kleinen Außenabmessungen der Bauelemente bilden den wesentlichen Vorteil. Durch den Einsatz eines dünnen Glasfaserlichtleiters als Sender und Empfänger kann es noch verkleinert werden.

Der Einfluß der Oberflächeneigenschaften auf das Ergebnis ist sehr groß. Hier zeigt sich eine Meßungenauigkeit von ca. 200 $\mu$m. Dadurch ist die Realisierung eines Tastsystems für eine Präzisionsmeßeinrichtung schwierig.

(2) Fotomultiplier

Ein Sekundärelektronenvervielfacher wird zur genauen Antastung eingesetzt. Bei geringer Lichtintensität arbeitet die

Einrichtung gut. Der Sensor benötigt eine hohe elektrische Versorgungsspannung. Das Prinzip und der Einfluß sind damit ähnlich wie bei der Fotodiode.

(3) Positionsempfindliche Fotodioden

Es gibt zwei Typen des linienförmigen bzw. flächenhaften Sensors. Diese Wandler beinhalten ein einziges Halbleiterelement. Die Spannung des Analogsignals ist abhängig von der Position des Lichtflecks auf der Sensorebene. Die Signalverarbeitung des einzigen Analogausgangs ist relativ einfach gegenüber dem Diodenarray. Diese Sensoren ermöglichen ein Tastsystem nach dem Triangulationsprinzip.

Die Ausgangsspannung verändert sich nicht nur mit der Intensität des Lichtpunktes, sondern auch mit der Betriebszeit und -temperatur. Die Linearitätsabweichung des Signals gegenüber der Positionsänderung der Beleuchtung ist groß. Eine punktförmige Beleuchtung ist zur genauen Messung erforderlich.

(4) Fotodiodenzeile

Ein linienförmiger Bildwandler erzeugt ein Analogvideoausgangssignal. Der zeitliche Verlauf des Ausgangssignals ist ein Maß für die Position des auf die Sensorebene abgebildeten Bildes. Als Schaltung zur Übertragung der umgewandelten elektrischen Ladung kommen verschiedene Schaltprinzipien zum Einsatz, z.B. CCD, CCPD, CID, BBD, SSPD usw. /13,66/. Dabei wird entweder ein analoges Schieberegister als Bildspeicher oder ein digitales Schieberegister als Abtastschalter eingesetzt. Bei jedem Takt kommt das Videoausgangssignal vom nächsten Fotoelement aus. Die käuflichen Halbleiter-Zeilensensoren haben unterschiedliche Eigenschaften, z.B. Lichtempfindlichkeit, Anzahl der Diodenelemente, Sensorelementmittenabstand usw. Die Gleichförmigkeit und Feinheit der Sensorelemente ergeben eine exakte Linearität des Bildes. Das binärisierte Signal kann zur optischen Antastung verwendet werden /4,23,37,43/.

(5) Fotodiodenmatrix

Die Halbleitermatrixkameras werden bei der Bildverarbeitung zur Erkennung, Messung bzw. Prüfung der Werkstücke schon verbreitet eingesetzt. Der Flächensensor erfaßt das zweidimensionale Analogbild. Durch eine Verarbeitung der digitalisierten Bilddaten kann der Punkt des Hell-Dunkel-Übergangs angetastet werden. Das Triangulationsprizip mit einem beleuchteten Lichtfleck wird damit ebenfalls realisierbar.

Die Verarbeitungs- und Übertragungszeit des zweidimensionalen Bildsignals beansprucht weniger Zeit. Die Einrichtung ist relativ aufwendig gegenüber dem linearen System.

Die Matrixkameras haben verschiedene Bildpunktzahlen z.B. 128*128, 256*256, 512*512 und 1024*1024 usw. Die Auflösung der bildverarbeitenden Messung hängt von der Pixelanzahl und der Bildvergrößerung ab /4,20/.

(6) Röhrenkameras

Nach dem Erscheinen der Halbleiterkameras verringerten sich die Einsätze der Röhrenkameras, da diese mehr Nachteile gegenüber der CCD-Sensoren besitzen, z.B. grobe Auflösung, Stromversorgung mit hoher Spannung, hoher Preis, niedrige Lichtempfindlichkeit, große Abmessung usw. /19/.

### 3.2.4 Auswahl eines optischen Verfahrens

Den im Abschnitt 3.1 erwähnten Anforderungen gemäß muß ein optimales optisches Verfahren ausgewählt werden. Die Beurteilung der im vorigen Abschnitt aufgeführten Wandler wird im Folgenden zusammengefaßt.

Für eine hohe Genauigkeit beim optischen Verfahren ist nicht nur die Auswahl eines Sensortyps entscheidend, sondern auch das einzusetzende Tastprinzip und die Bildvergrößerungsoptik. Bei den linien- und flächenförmigen Bildwandlern erhält man heutzutage einen feinen Sensormittenabstand, z.B. kleiner als 10 $\mu$m. Damit kann ein Präzisionstastsystem aufgebaut werden.

Im Hinblick auf die verschiedenen Reflexionsvermögen der Oberflächen wird ein Antastprinzip nach Intensitätsänderung der Lichtreflexion vermieden. Beispielsweise eignet sich ein "optischer Hebel" nach der Lichtreflexion nicht für genaues Antasten.

Mit einem großen Lichtfleck ergeben sich beim genauen Antasten einer rauhen Oberfläche Schwierigkeiten, weil die Beleuchtungsmitte bzw. der Rand nicht exakt bestimmt werden. Unter Berücksichtigung der beliebigen Antastpunkte auf einer gekrümmten Fläche wird ein punktförmiger Lichtfleck benötigt. Daraus folgt, daß das sogenannte Triangulationsverfahren als Lösung am besten geeignet ist. Für dieses Verfahren erlaubt ein linearer Wandler dem Matrixsensor gegenüber eine einfachere Steuerelektronik. Für die kollisionsarme Annäherung und beliebige Antastrichtungen werden im Abschnitt 3.3 bis 3.6 Komponente für Komponente ausführlich dargestellt.

## 3.2.5 Interferometrie

Das Laserinterferometer als genaue Meßeinrichtung mit einer Meßunsicherheit bis in den Nanometer-Bereich wird oft zur Kalibrierung und Justierung präziser Maschinen, wie z.B. KMG und NC-Werkzeugmaschinen, verwendet. Damit wird nur eine relative Weglänge von einem Anfangspunkt aus genau gemessen und leider nicht ein absoluter Abstand. Eine Spiegelebene muß auf der Oberfläche des Objekts während des Meßvorgangs immer fixiert werden. Für ein berührungsloses Tastsystem ist deshalb das Laserinterferometer schwer einzusetzen.

Durch eine Auswertung eines Interferogramms wird eine gekrümmte Oberfläche analysiert, dessen Meßunsicherheit einen Bruchteil der Wellenlänge ausmacht. Ähnlich wie beim obenbeschriebenen Laserinterferometer werden damit jedoch nur die relativen Höhenabweichungen der Oberfläche ermittelt. Die Messung des absoluten Abstandes zwischen der Laserquelle bzw. dem Taster und dem Objekt ist somit ein Problem.

Ein Laufzeit-Verfahren mit einem Laserstrahl, das ähnlich wie bei einer Abstandsmeßeinrichtung mit dem Ultraschallsensor funktioniert, könnte als Alternative zur optischen Antastung betrachtet werden. Der Lichtstrahl muß hierzu durch ein geeignetes Verfahren moduliert bzw. sehr schnell zerhackt werden. Die Laufzeiten sind dann durch Bestimmung der Phasenverschiebungen zwischen Sender- und Empfängersignal berechenbar. Hierfür ist jedoch eine sehr schnelle und aufwendige Elektronik erforderlich, die dieses Verfahren für den Einsatz an Tastsystemen aus wirtschaftlichen Gründen verbietet.

### 3.2.6 Triangulationsverfahren

Aus dem vorstehenden ergibt sich, daß das Triangulationsprinzip gegenüber den anderen Verfahren zum Einsatz als optisches Tastsystem Vorteile aufweist.

Bild 16 stellt das Triangulationsprinzip schematisch dar. Ein auf die Oberfläche projizierter Lichtfleck wird durch eine Optik auf einen Zeilensensor abgebildet. Die Position des abgebildeten Lichtflecks auf der Zeile ist abhängig vom Abstand zwischen der Oberfläche und dem Tastsystem /63/. Beim Antasten bewegt sich das Tastsystem, bis die Position der Beleuchtung mit einer bestimmten Adresse übereinstimmt.

Ein CCD-Sensor oder ein positionsempfindlicher Fotodetektor ermöglichen dieses Verfahren. Der positionsempfindliche Sensor erfordert einen punktförmigen Lichtfleck für eine hohe Antastgenauigkeit. Der CCD-Zeilensensor dagegen erlaubt eine flächenhafte Abbildung, deren genaue Position durch die digitalisierte Verarbeitung des Videosignals erkannt wird.

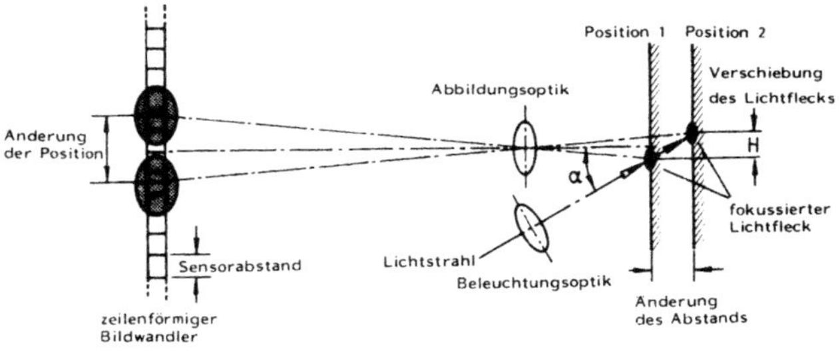


Bild 16: Triangulationsverfahren zur optischen Antastung

Beim Triangulationsverfahren wird die Auflösung (G) eines Tastsystems mit Diodenarray mit einem Sensorelementabstand (As) folgendermaßen bestimmt (Bild 16).

G = H * tan(α)
H = As / Bv
H : Verschiebung in der Werkstückoberfläche
As: Sensorelementabstand
Bv: Bildvergrößerung der Abbildungsoptik
G : Auflösung des Tastsystems
α : Blickwinkel zwischen Abbildungsoptik und Lichtstrahl

Zur hohen Auflösung müssen folgende Anforderungen erfüllt sein:

- Sensor mit kleinem Elementmittenabstand
- Gleichförmigkeit der Sensorelemente
- Möglichst großer Blickwinkel
- hohe Bildvergrößerung
- hohe Lichtempfindlichkeit des optischen Sensors
- kleiner Durchmesser des Lichtflecks.

Unter Berücksichtigung dieser Anforderungen werden in den folgenden Abschnitten alle erforderlichen Bauteile nacheinander untersucht und konstruiert.

## 3.3 Eigenschaften der Zeilenkameras

### 3.3.1 Untersuchung der Sensoren

Es wurden zwei Zeilenkamera-Systeme hinsichtlich des Einsatzes an dem ausgewählten Triangulationsprinzip untersucht. Bei den Sensoren handelt es sich um den Typ "CCD-1300" Line Scan Kamera der Firma Fairchild und um einen "LC100v1024-1" Linearen Bildwandler der Firma Reticon.

Ein lineares Kamerasystem erzeugt folgende wichtige Signale:
- Analogvideo : grauwertiges Bildsignal nach der Abbildung
- Videotakt : Zeitabstand zwischen Sensorelementen
- Synchrontakt: Anfangspunkt der nächsten Zeilenabtastung
- Binärvideo : nach einer Schwelle binärisiertes Bildsignal

Bild 17 stelt die gemessene Ausgangssignale der CCD-Kamera dar. Die Schwellenspannung zur Binärisierung wird in beliebiger Höhe bzw. nach der Helligkeit des Bildes eingestellt. Bei einer Einstellung des maximalen Werts fallen alle Binärvideo auf null zurück, beim minimalen Wert springen sämtliche hoch.

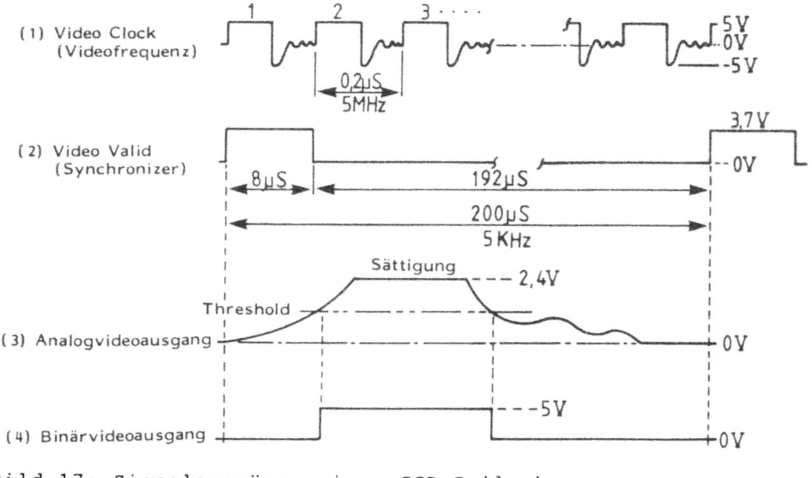


Bild 17: Signalausgänge einer CCD-Zeilenkamera

### 3.3.2 Räumliche Bewegungen des Lichtflecks

Ein Lichtfleck läßt sich räumlich entgegen der Abbildungsoptik des Zeilensensors bewegen: horizontal, vertikal und lateral (Bild 18). Mit dieser Methode wird der Videoausgang der Kamera hinsichtlich der optischen Antastung untersucht.

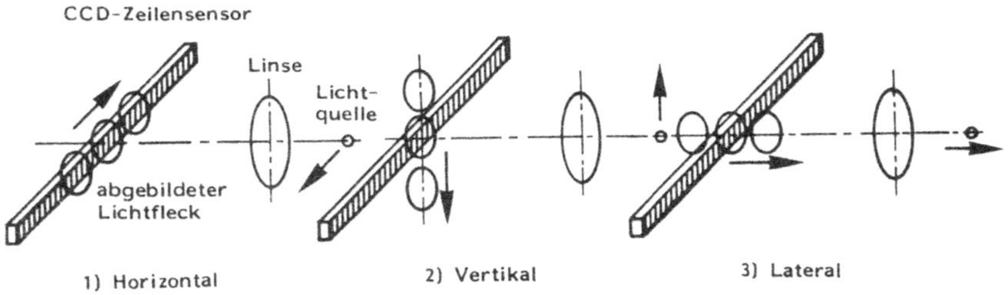


Bild 18: Bewegung des Lichtflecks in drei räumlichen Richtungen des Zeilensensors

Die seitliche Verschiebung des Lichtflecks entlang der Sensorzeile ergibt eine lange Strecke mit stabilem Videoausgang. Bei einer hohen Bildvergrößerung entsteht unversehens ein unerwünschter Winkel zwischen Bewegungsrichtung und Sensorrichtung, und dadurch wird die Strecke mit gutem Videoausgang verkürzt. Deshalb ist eine sorgfältige Einstellung der Bewegungsrichtung des Lichtflecks parallel zu der Sensorlinie erforderlich. Zur Vermeidung dieser Schwierigkeit kann eine zylindrische Linse als Beleuchtungsoptik eingesetzt werden. Dadurch wird eine linienförmige Beleuchtung quer zu dem Wandler abgebildet und sichert so einen bestimmten Videoausgang.

Das gemessene Analogvideosignal nach der vertikalen und lateralen Positionsänderung ist in Bild 19 dargestellt. Bei der vertikalen Bewegung existiert der Videoausgang nur im sehr kurzen Bereich. Damit ist nur eine schaltende Antastung möglich. Der Durchmesser des Lichtflecks und die Breite des Sensorelements (Apertur : 13$\mu$m) bestimmen die Bewegungsstrecke mit dem Videoausgang (ca. ±60$\mu$m). Ein Präzisionsmeßtisch zur Höheneinstellung wird dabei eingesetzt.

Bei der lateralen Bewegung handelt es sich um eine Fokussierung des Bildes mit zweifacher Bildvergrößerung. Dabei ändert sich der Analogausgang sehr langsam nach der Defokussierung, die bis zu 8 mm ausgelenkt wird. Damit kann nur eine grobe Auflösung zur Antastung erreicht werden.

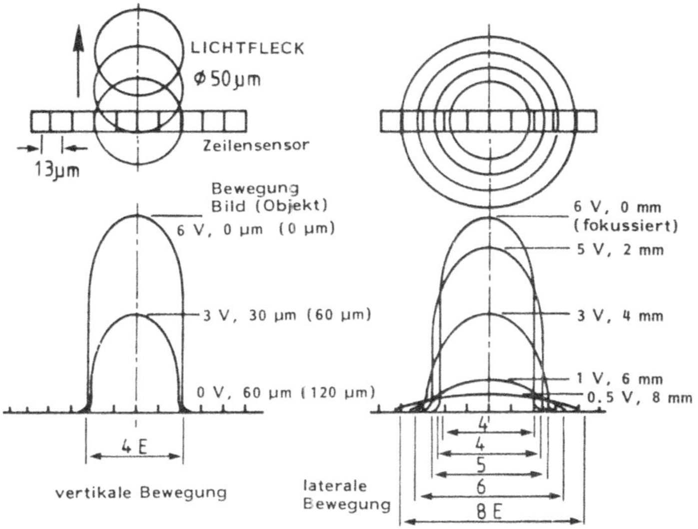


Bild 19: Ergebnisse des Analogvideosignals nach der Positionsänderung

### 3.3.3 Analogvideoausgang

Ein rauschfreies Analogvideosignal erlaubt ein klares Binärbild, daraus resultiert eine niedrige Antastunsicherheit. Die Veränderungen, z.B. Fokussierung, Abbildung, Leistung der Lichtquelle, Optikqualität, Rauheit der Oberfläche, sowie Position des Lichtflecks etc., rufen eine Zerstörung bzw. Verschlechterung des Analogvideosignals hervor.

Bild 20 zeigt die Störungen des Analogsignals und deren Ursachen. Unter der Bedingung einer 30-fachen Bildvergrößerung und einer Strahlleistung von 2,5 mW ergibt sich ein Versuchsergebnis zwischen (2) und (3) im unteren Bild. Beim Extremfall, z.B. einer schwarzen Objektoberfläche, sollte auch ein schlechtes Analogvideosignal durch eine Signalverarbeitung zum Antasten verwendet werden. Dafür können die Adressen vom ersten Dunkel-Hell- und letzten Dunkel-Hell-Übergang die Mittenadresse des schlechten Lichtflecks am Videoausgang bestimmen.

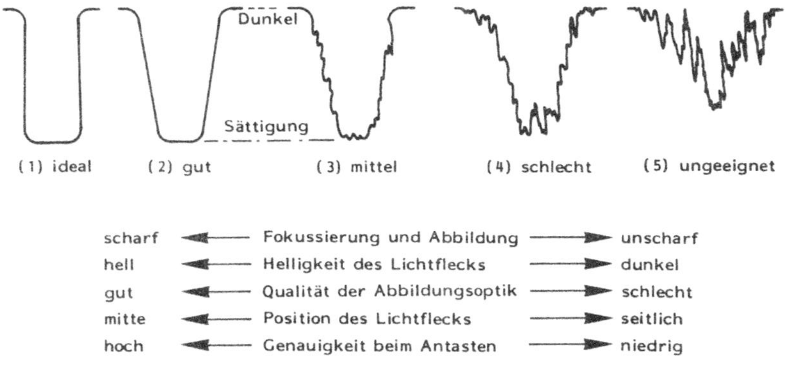


Bild 20: Zerstörung des Analogsignals und deren Ursachen

Der Analogausgang eines CCD-Zeilensensors ist abhängig von der Belichtung. Die elektrische Ladung, die von einem Sensorelement in einer Scanningperiode umgewandelt wird, ergibt das Videosignal. Bild 21 zeigt die Erhöhung des Analogvideosignals durch die Einstellung der Belichtungszeit beim CCD 1300-Kamerasystem. Während dieser Messung blieb die Beleuchtungsintensität konstant.

Wenn der Videoausgang zu schwach ist, um eine Auswertung zur optischen Antastung zu ermöglichen, dann muß die Scanningperiode länger eingestellt werden, wodurch ein deutliches Videoausgangssignal auftritt. Erreichen am Analogausgang 80 % der Sensorelemente eine Spannung von 2,4 V, tritt eine Sättigung im Analogsignal ein und der Pegel des ganzen Analogausgangssignals fällt auf den Wert 0 V.

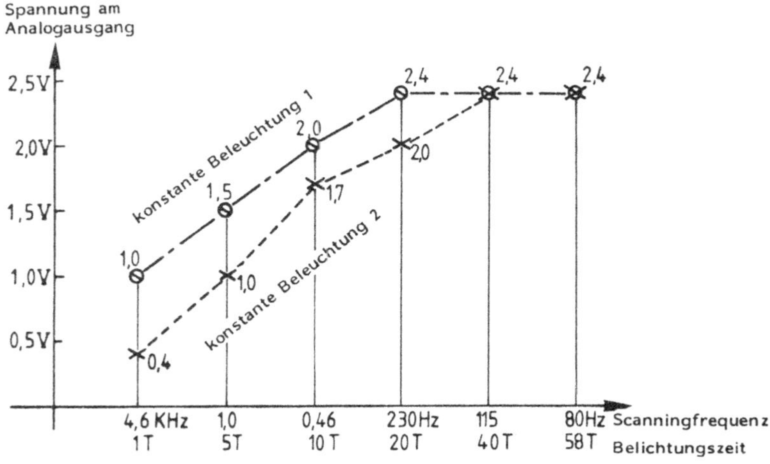


Bild 21: Analogausgangssignal in Abhängigkeit von der Belichtungszeit

### 3.3.4 Vergleich der Eigenschaften der beiden Kamerasysteme

| System | Fairchild<br>CCD-1300 | Reticon<br>LC100V1024-1 |
|---|---|---|
| Elementgröße | fein<br>13µm x 13µm | grob<br>50,8µm x 50,8µm |
| Elementanzahl | 1024 | 512 (1024) |
| Empfindlichkeit | hoch<br>3V / (µj/cm**2) | niedrig<br>0,7pcoul/µj/cm**2 |
| Scann.Frequenz | min. 80Hz<br>max. 10KHz<br>schnell | min. 100Hz<br>max. 1KHz<br>langsam |
| Videofrequenz | min. 5KHz<br>max. 10MHz | min. 100KHZ<br>max. 1MHz |
| Einstellung der Pause | einstellbar<br>0 bis 58-fach der Videoabtastung | fest<br>0.5 * Zykluszeit |
| Einstellungen | Pause, Taktzeit, AGC, Threshold | Takt, Verstärkung und Threshold |
| Analogausgang | hohe Spannung<br>0,16V - 2,4V | niedrige Spannung<br>0,1V - 1 V |

Tabelle 2: Vergleich der CCD-1300 und LC100V1024-1

Die Zeilenkamera der Fa. Fairchild besitzt als Vorteile: einen kleineren Pixelabstand, eine höhere Empfindlichkeit, einen schnelleren Videotakt und mehrere Einstellungsmöglichkeiten. Die Steuereinheit der Reticon-Kamera bietet mit einem Digitalanzeiger verschiedene Möglichkeiten der ansprechenden Signalverarbeitung und angefertigte Schnittstellen für den Multi- und Q-Bus.

## 3.4 Beleuchtung

### 3.4.1 Beleuchtungsprinzipien

Ein kleiner Lichtfleck ist für das Triangulationsverfahren auf der anzutastenden Oberfläche erforderlich. Dafür sollen einige Beleuchtungsprinzipien betrachtet werden (Bild 22). Je kleiner der Lichtfleck ist, desto genauer ist das Tastsystem. Der erforderliche Durchmesser des Lichtflecks für die hohe Antastgenauigkeit beträgt etwa 10 bis 50 $\mu$m.

(1) Laserröhre

Die Laserröhren sind durch eine hohe Leistung, einen relativ stabilen Lichtstrahl, einen kleinen Divergenzwinkel und eine lange Lebensdauer gekennzeichnet. Das kohärente Licht gewährleistet eine ausreichende Lichtenergie hinsichtlich der Empfindlichkeit des Sensors. Die hohe Parallelität des Laserstrahls ergibt einen kleinen Durchmesser des fokussierten Lichtflecks /21/. Die große Außenabmessung der Laserröhre bedingt deren tiefliegende bzw. zurückhaltende Lage und den Einsatz einiger Spiegel zur Lenkung des Strahls.

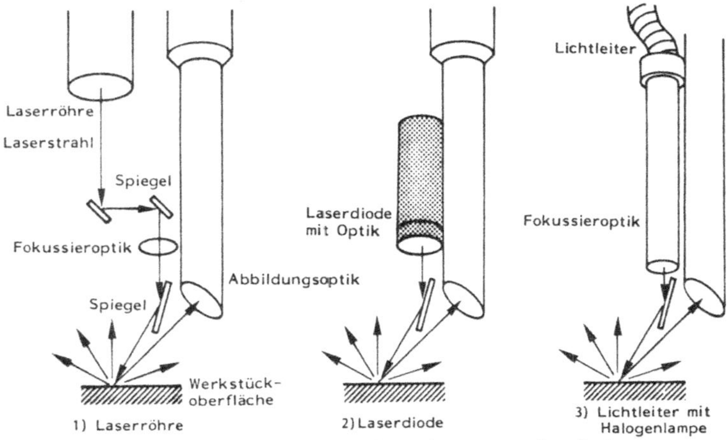


Bild 22: Unterschiedliche Beleuchtungsprinzipien

(2) Laserdiode

Der Strahl der Laserdiode hat einen relativ großen Divergenzwinkel von ca. 25 bis 30 Grad; z.B. Laserdioden der Fa. Valvo, NEC, Toshiba usw.. Damit wird die Abbildung eines kleinen Lichtflecks sehr schwierig. Die Leistung der Halbleiterlaser liegen meistens zwischen 2 und 8 mW. Die Aufbaumöglichkeit eines Tastsystems mit einer kleinen Außenabmessung der Beleuchtungseinrichtung ist ein großer Vorteil. Die Größe einer Laserdiode mit Optik beträgt beispielsweise $\phi$ 11 mm x L 34 mm.

(3) Lichtleiter mit Fokussieroptik

Ein Lichtleiter mit Fokussieroptik erzeugt ebenfalls einen kleinen Lichtfleck. Der effektive Durchmesser des Glasfaserlichtleiters soll dafür klein gehalten werden, und eine weitere Entfernung der Fokussierlinse vom Lichtleiter ist erforderlich. Das Licht vom Ausgang eines Glasfaserlichtleiters mit einer Halogenlampe streut sich im Raumwinkel von 30° bis 60°. Ein aufgebauter Lichtleiter zeigt einen Lichtfleckdurchmesser von 50 $\mu$m. Allerdings ist die Helligkeit des abgebildeten Lichtflecks zu schwach. Tabelle 3 zeigt die Bewertung der möglichen Beleuchtungsverfahren.

BEWERTUNG UNTERSCHIEDLICHER BELEUCHTUNGSPRINZIPIEN

| Kriterium (Gewichtungsfaktor) / Verfahren | Lichtfleckgröße | 8 | Helligkeit | 6 | Außenabmessung | 4 | Drift | 2 | Urteil | |
|---|---|---|---|---|---|---|---|---|---|---|
| Laserröhre | klein | 3 | hell | 3 | groß | 1 | stabil | 3 | gut | 48 |
| Laserdiode (LED) | groß | 1 | mittel | 2 | klein | 3 | instabil | 1 | mittel | 34 |
| Lichtleiter | mittel | 2 | dunkel | 0 | mittel | 2 | stabil | 3 | schlecht | 30 |

Tabelle 3: Bewertung alternativer Beleuchtungsprinzipien

### 3.4.2 Eigenschaften der Laserröhren

Der Laserstrahl wird durch sein Resonanzmaterial, z.B. He-Ne, Ar, CO2, Nd:YAG usw., charakterisiert. In der Praxis wird bei optischen Messungen sehr häufig der He-Ne-Laser verwendet. Seine Leistung, die im Bereich von 0,3 mW bis 25 mW liegt, eignet sich für optische Wandler. Vorteilhaft ist bei He-Ne-Laserröhren das preisgünstige Angebot am Markt. Der CO2-Laser dagegen besitzt eine sehr starke Leistung von 5 W bis 10 KW und wird dadurch zum automatischen Schneiden von metallischen Werkstoffen eingesetzt.

Die Wellenlänge des He-Ne-Lasers von 632,8 nm, die eine Rotfarbe im sichtbaren Lichtspektrum ergibt, eignet sich für die spektrale Empfindlichkeit der optischen Sensoren, die überwiegend aus Silizium-Halbleitern gefertigt sind. Der Durchmesser des typischen He-Ne-Laserstrahls liegt zwischen 0,5 und 1,5 mm. Aufgrund der geforderten hohen Antastgenauigkeit wird ein Lichtstrahl mit diesem Durchmesser nicht direkt verwendet, sondern fokussiert. Bei Fokussierung eines Laserstrahls spielt sein Divergenzwinkel eine wichtigere Rolle als der Durchmesser. Der Divergenzwinkel von He-Ne-Lasern bewegt sich im Bereich von 0,6 bis 3 mrad und gewährleistet einen kleinen Lichtfleck. Die Winkeldrift beträgt je nach Betriebszeit und Erwärmung ungefähr 0,3 mrad und kann so eine Abweichung des fokussierten Lichtflecks verursachen.

Die He-Ne-Laserröhren besitzen einen Außendurchmesser von 20 mm bis 45 mm und eine Länge von 210 mm bis 430 mm. Um den Nachteil dieser großen Außenabmessung auszugleichen, wurde eine Lenkung des Laserstrahls mit Spiegeln eingeführt.

### 3.4.3 Divergenz eines He-Ne-Laserstrahls

Jeder Laser behält einen gewissen Divergenzwinkel ($2\theta$). Der Durchmesser (dx) des Laserstrahls nimmt in Abhängigkeit der Entfernung vom Laserrohr zu. Bild 23 zeigt gemessene Durchmesser im Verhältnis zum Abstand ($dx = do + 2 * \theta * Xh$). Das idealisierte Intensitätsfeld eines Laserstrahls stellt eine Gauß'sche Verteilung gegenüber dem Radius dar.

Je kleiner der fokussierte Lichtfleck auf der anzutastenden Oberfläche ist, desto höher ist die erreichbare Genauigkeit. Mit zunehmendem Durchmesser des Lichtflecks verläuft die Intensitätskurve flacher und die Position des Hell-Dunkel-Übergangs vom binärisierten Videosignal ändert sich leicht. Dadurch vergrößert sich die Meßunsicherheit.

Bei einer hohen Bildvergrößerung des Lichtflecks zeigt die Mitte dieser Intensitätsverteilung eine geringere Änderung gegenüber dem Radius. Für eine exakte Antastung sollte der Bereich der steilsten Signaländerung binärisiert werden. Die Threshold-Spannung zur Binärisierung sollte das 0,6-fache der max. Intensität (Io) betragen, da hier die maximale Steigung der Normalverteilung liegt.

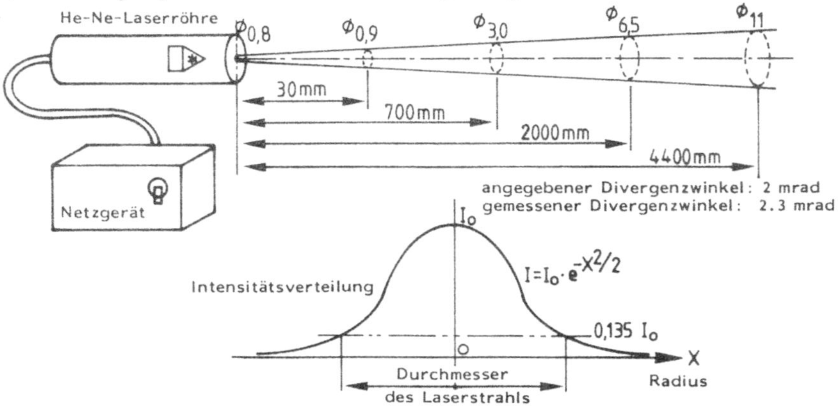


Bild 23: Durchmesser eines Laserstrahls in Abhängigkeit der Entfernung

## 3.5 Optik

### 3.5.1 Abbildungen mit Optik

Beim Triangulationsprinzip werden zwei Optiken benötigt, jeweils eine für die Beleuchtung und eine für die Abbildung. Um die geeigneten Optiken zu konstruieren, sollten die Eigenschaften der Optik untersucht werden. Die Abbildung mit einer Optik, z.B. einer Konvexlinse, wird durch das Gauß'sche Linsen-Gesetz bestimmt /9/. Je näher das Objekt von der Brennweite (f) positioniert ist, desto weiter davon entfernt befindet sich das Bild und umso stärker ist die Bildvergrößerung (Bv). Die Bildvergrößerung mit einer einzigen Linse ist wegen der Aberration begrenzt. Bei Abbildungen mit mehreren Linsen gilt dieses Gesetz auch, allerdings sind dabei die äquivalente Brennweite (EFL) und die vordere Brennweite (FFL) verbindlich (Bild 24).

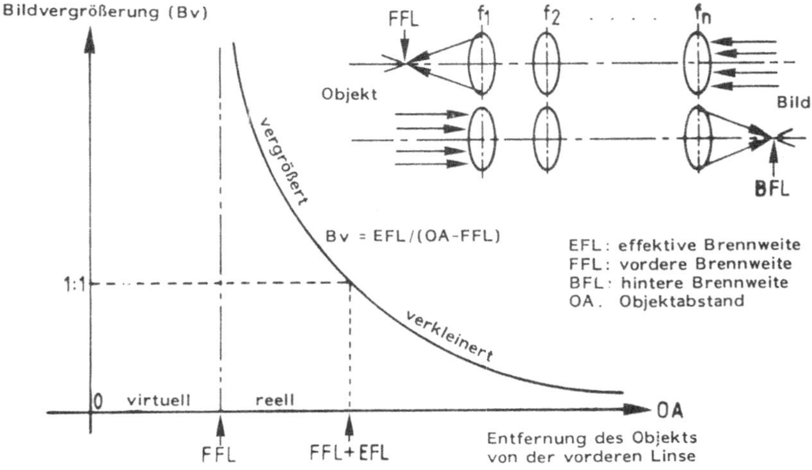


Bild 24: Abbildung mit mehreren Linsen

### 3.5.2 Beleuchtungsoptik

Ein kleiner Lichtfleck sollte für eine geringe Meßunsicherheit bei der optischen Antastung angestrebt werden. Die Linsen mit unterschiedlichen Brennweiten wurden zur Fokussierung eines Lichtflecks an einem He-Ne-Laser getestet (Bild 25). Der Durchmesser (2Wf) des fokussierten Lichtflecks ist abhängig von der Brennweite (f) der Linse und dem Divergenzwinkel (2θ) des Laserstrahls /21/.

Wegen der Beugung des Lichts nach dem Prinzip von Huygens-Fresnel /9/ wird die Verkleinerung des Lichtflecks durch die Fokussierung in einem gewissen Mikrometerbereich begrenzt. Je näher der Durchmesser eines fokussierten Laserstrahls auf die Größe der Lichtwellenlänge reduziert wird, desto stärker ist die Beugung des Lichtstrahls. Ein ähnliches Phänomen zeigt sich bei der Abhängigkeit der Klarheit des Lochkamerabildes von der Lochgröße.

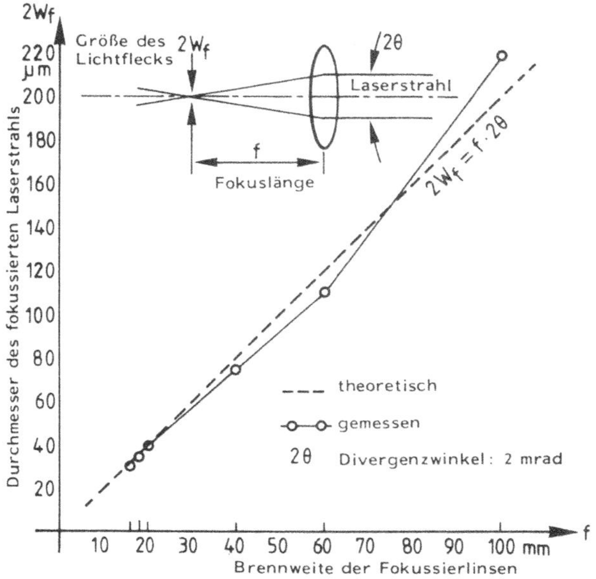


Bild 25: Größe des fokussierten Lichtflecks in Abhängigkeit von der Brennweite

### 3.5.3 Auswahl einer Abbildungsoptik

Um eine helle Abbildung mit guter Bildqualität bei starker Vergrößerung zu erreichen, muß ein Linsensystem aus mehreren Linsen benutzt werden. Im Hinblick auf kollisionsfreie Annäherungen an komplizierte Werkstückgeometrien ist ein kleiner Durchmesser der Optik nötig. Ein Endoskop hat einen kleinen Außendurchmesser und einen stabilen Aufbau. Mit dem Anschluß an ein Zoom-Objektiv erhält man eine reelle Abbildung.

Bild 26 zeigt die gemessene Bildvergrößerung mit einem Endoskop. Je entfernter der Bildabstand ist, desto stärker ist die Bildvergrößerung. Der freie Arbeitsraum unter der Pinole des KMG begrenzt dagegen den Bildabstand. Nach der Untersuchung der Scharfeinstellung wird der Objektabstand im Bereich von 15 mm bis 25 mm fokussiert. Nach der Einstellung ändert sich die Bildvergrößerung nur geringfügig, es liegt offenbar eine große effektive Brennweite vor.

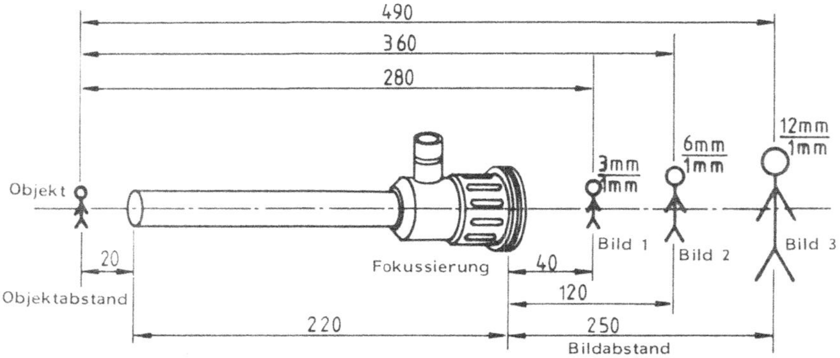


Bild 26: Gemessene Bildvergrößerung mit einem Endoskop

### 3.5.4 Bildvergrößerung

Zur hohen Auflösung bei diesem Verfahren ist eine starke Bildvergrößerung notwendig. Um ein reelles Bild an der Sensorebene mit der erforderlichen Bildvergrößerung abzubilden, wird ein aus drei Linsen bestehendes Zoom-Objektiv an das Endoskop angesetzt.

Durch die bewegbare Mittellinse kann bei der Zoom-Einstellung die effektive Brennweite (EFL) verändert werden. Zwei andere Linsen können durch die Schrauben in einem bestimmten Bereich verstellt werden. Bild 27 zeigt die Bildvergrößerung nach der Verstellung der Linsenposition des Zoom- Objektives. Beim Versuch erfolgt bei einem Bildabstand von 130 mm eine 26-fache Bildvergrößerung.

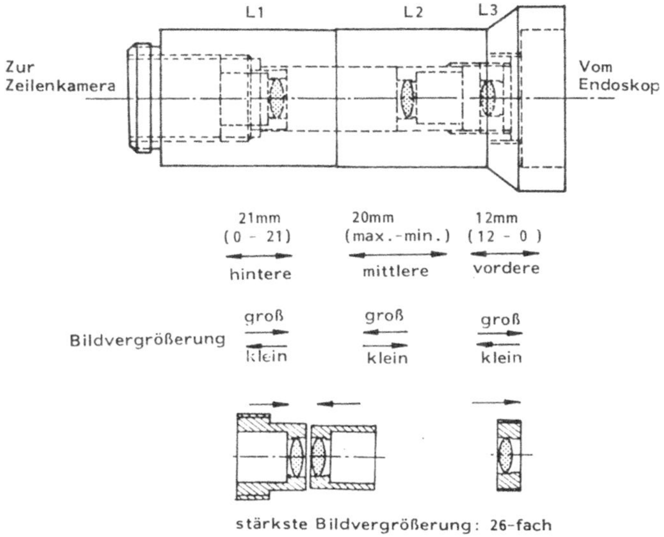


Bild 27: Einstellung eines Zoom-Objektives

### 3.5.5 Berechnung der Abbildung durch mehrere Linsen

Zu einer starken Bildvergrößerung oder zur Verringerung der chromatischen und monochromatischen Aberration sind mehrere nacheinander angeordnete Linsen notwendig. Bei dieser Konstruktion der Linsenreihe ist eine optische Berechnung erforderlich, z.B. die Position des Bildes, der Abstand des Objektives, der Bildvergrößerungsfaktor, äquivalente Brennweite sowie äquivalente Linsenmitte. Dafür wird ein Programm zur optischen Konstruktion bzw. Simulation erstellt. Bild 28 stellt das Flußdiagramm des entwickelten Programms "OPTICAD" dar.

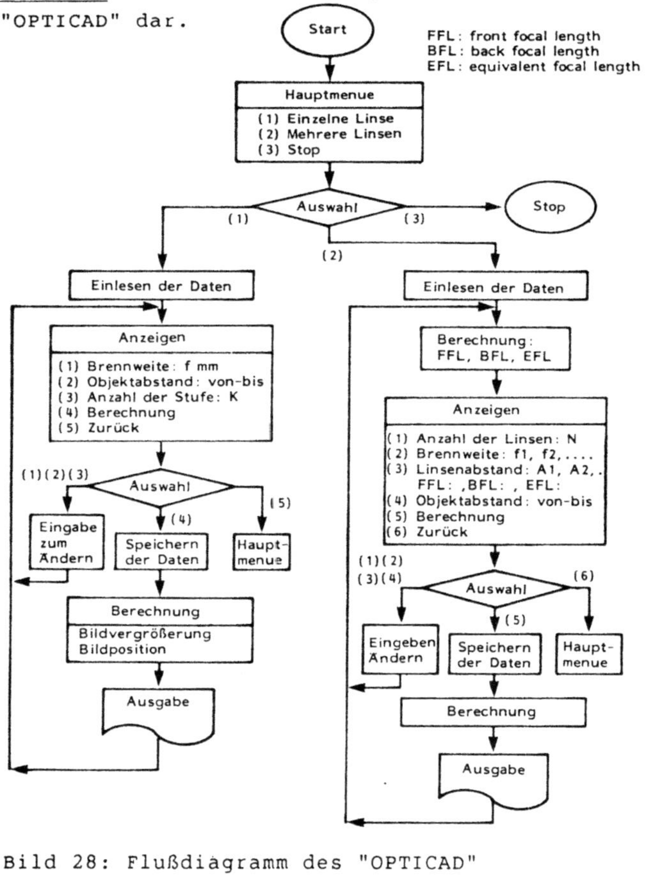


Bild 28: Flußdiagramm des "OPTICAD"

### 3.5.6 Stigmatische Abbildung linearer Objekte

Bei der stigmatischen Abbildung korrespondieren alle Punkte der Oberfläche des Objekts mit denen der räumlichen Bildoberfläche. Die stigmatische Abbildung eines linearen Objekts mit einer Konvexlinse ergibt ein parabolisches Bild. Dieses Phänomen wird als "Petzval Feld Krümmung" bezeichnet /9/. Das Triangulationsprinzip für das optische Tastsystem bezieht sich auf eine lineare Bewegung des Lichtflecks während der Antastbewegung. Bild 29 zeigt die parabolischen Bilder der linearen Orte bzw. der Objekte in unterschiedlichen Positionen.

Bei starken Bildvergrößerungen (z.B. 30-fach) wird der Bereich der Antastbewegung für eine scharfe Abbildung auf der Sensorebene eng begrenzt. Die Lagerichtung des optischen Wandlers gegenüber der optischen Achse sollte unter Berücksichtigung der stigmatischen Abbildung eingestellt werden.

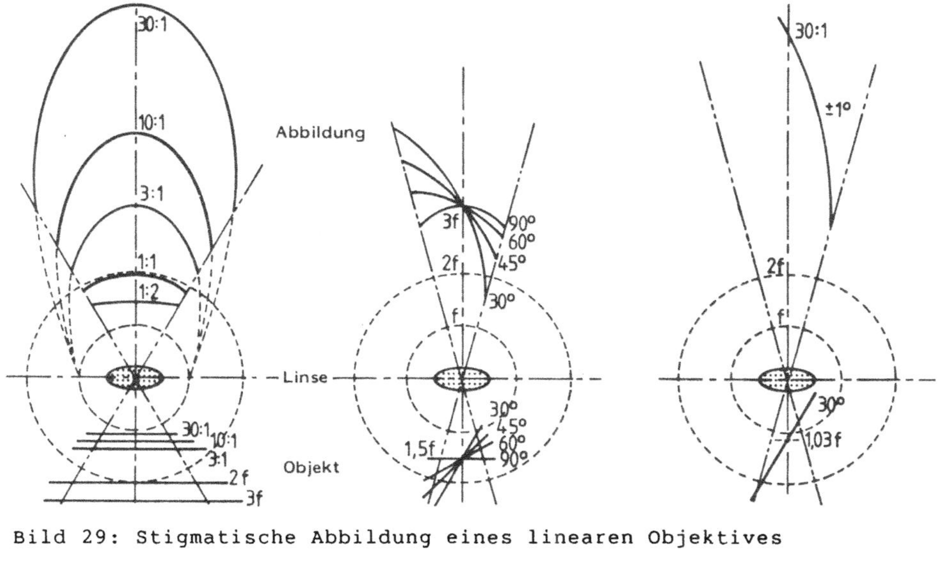


Bild 29: Stigmatische Abbildung eines linearen Objektives

## 3.6 Versuchsaufbau

### 3.6.1 Versuchseinrichtungen

Entsprechend der vorher ausgeführten Theorie bzw. Untersuchung der Bauelemente wurde ein Versuchsaufbau zusammengestellt (Bild 30). Damit kann die Genauigkeit der eindimensionalen Antastungen bei vielfältigen Bedingungen untersucht werden. Die wesentlichen Daten der konstruierten Komponenten waren:

(1) Beleuchtung:

Ein He-Ne-Laser mit der Strahlleistung von 2,5 mW, der Wellenlänge von 632,8 nm, dem Divergenzwinkel von 2 mrad und der Röhrenabmessung von 25 mm x 300 mm wurde eingesetzt.

(2) Beleuchtungsoptik:

Ein Miniaturspiegel mit vorderseitiger Reflektierfläche, und eine Plankonvexlinse mit der Brennweite von 15,5 mm und einem Durchmesser von 6 mm diente zur Fokussierung eines kleinen Lichtflecks.

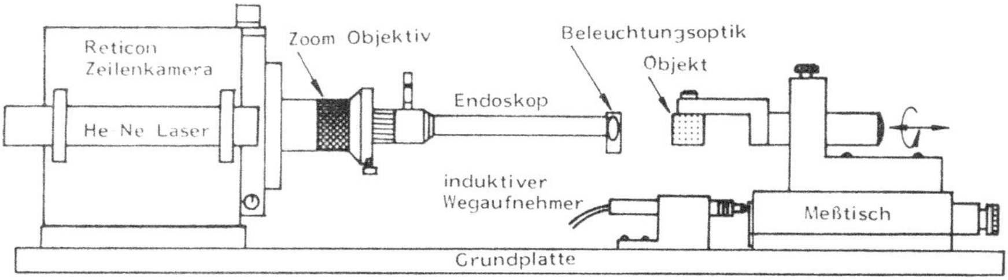


Bild 30: Bauelemente des Versuchsaufbaus

(3) Abbildungsoptik:

Die Abbildungsoptik setzt sich zusammen aus einem Endoskop mit auswechselbaren Objektiven, mit einem effektiven Durchmesser von 4 mm, einem Zoom-Objektiv zur reellen Abbildung auf der Sensorebene und einem Tubus zur Erhöhung der 14-fachen auf die 30-fache Bildvergrößerung.

(4) Bildwandler:

Als Bildwandler dienten alternativ zwei Zeilenkameras mit 512 und 1024 Sensorelementen sowie Elementabständen von 25,4 bzw. 50,8 $\mu$m und die Steuereinheit mit digitalem Anzeiger für die Ausgabe der Signalverarbeitung.

(5) Bewegungseinrichtung:

Die Bewegungseinrichtung bestand aus einem Meßtisch für die schrittweise Änderung der Position um jeweils 0,6 $\mu$m und einem induktiven Wegaufnehmer mit einem bis zu 0,01 $\mu$m genau arbeitenden Anzeiger für Positionsmessungen.

(6) Sonstige Geräte:

Weiterhin wurde ein digitales Oszilloskop zur Kontrolle der jeweiligen Videosignale der linearen Kameras verwendet.

### 3.6.2 Einfallswinkel und Position der Abbildungsoptik

Die Auflösung eines Tastsystems nach dem Triangulationsverfahren ist abhängig von mehreren Parametern (Abschn. 3.2.6). Der Einfallswinkel des Lichtstrahls und die Richtung der Abbildungsoptik wirken sich dabei ebenso aus. Der berechnete Auflösungfaktor (Q/Hd) wird nach verschiedenen Positionen der Beleuchtungs- und Abbildungsoptik in Bild 31 dargestellt. Ein großer Auflösungsfaktor bezieht sich auf eine hohe Auflösung des Tastsystems. Zur Bestimmung der Position der Optiken sollen zusätzlich die folgenden Aspekte berücksichtigt werden:

Im Hinblick auf die unkomplizierte Konzeption der Einrichtung zur beliebigen Antastrichtung sollen die beiden Optikachsen auf derselben Seite - wie bei den unteren drei Einstellungen vom Bild 31 - positioniert werden. Dabei muß die Hauptachse der Intensitätsverteilung der Lichtreflexion nicht unbedingt mit der Abbildungsachse zusammenfallen. Ein schwaches Reflexionslicht in der Intensitätsverteilung wird "Fußlicht" genannt. Bei dieser Positionierung muß das Fußlicht zu der Lichtempfindlichkeit des Sensors passen.

Ein kleiner Blickwinkel ($\alpha+\phi$) gewährleistet eine kollisionsfreie Annäherung an die vielfältigen Werkstückgeometrien. Unter Berücksichtigung der Antastung an eine geneigte Oberfläche muß ein großer Einfallswinkel ($\alpha$) oder ein großer Abbildungswinkel ($\phi$) vermieden werden. Ein großer Abbildungswinkel ($\phi$) verursacht einen unscharfen Rand der Abbildung (Vgl. Abschn. 3.5.6). Zur Beurteilung der alternativen Position der Optiken werden deshalb sowohl die hohe Auflösung als auch die kollisionsfreie Annäherung und das genügend starke Reflexionslicht berücksichtigt.

| Einfallswinkel (α) | Bild zur Analyse | Auflösungsfaktor Q/Hd | φ | Blickwinkel α+φ | Q/Hd | Urt. |
|---|---|---|---|---|---|---|
| 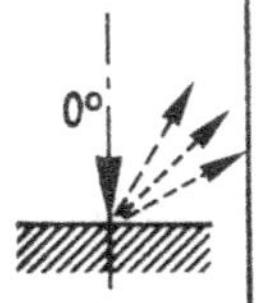  | 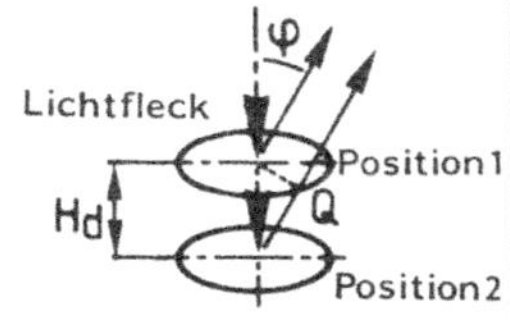  | sin(Ø) | 0° | 0° | 0 | |
| | | | 30° | 30° | 0.5 | |
| | | | 45° | 45° | 0.707 | ○ |
| | | | 60° | 60° | 0.866 | |
| 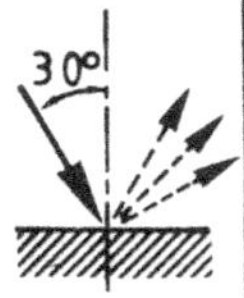  | 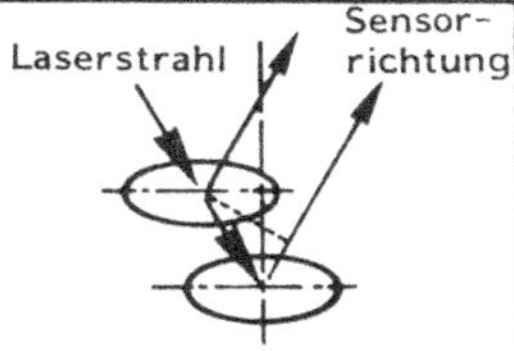  | $2/\sqrt{3}$ * sin(Ø+30°) | 0° | 30° | 0.577 | ◎ |
| | | | 30° | 60° | 1.0 | ○ |
| | | | 45° | 75° | 1.115 | |
| | | | 60° | 90° | 1.154 | |
| 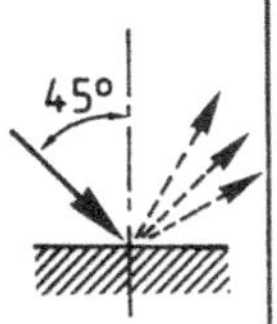  | 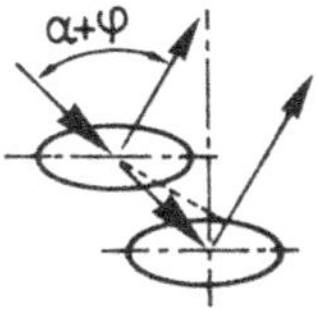  | $\sqrt{2}$ * sin(Ø+45°) | 0° | 45° | 1.0 | ○ |
| | | | 30° | 75° | 1.366 | |
| | | | 45° | 90° | 1.414 | |
| | | | 60° | 105° | 1.366 | |
|   | 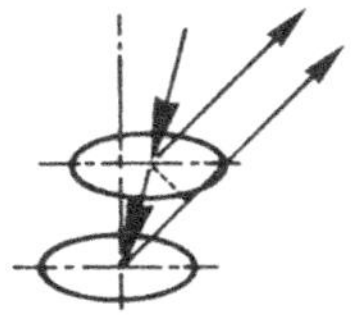 | 1.035* sin(Ø-15°) | 0° | -15° | 0.268 | |
| | | | 30° | 15° | 0.269 | |
| | | | 45° | 30° | 0.517 | ○ |
| | | | 60° | 45° | 0.732 | |
| 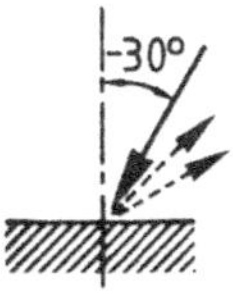  | 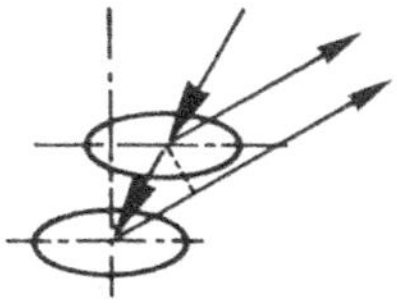 | $2/\sqrt{3}$ * sin(Ø-30°) | 0° | -30° | 0.577 | |
| | | | 15° | -15° | 0.299 | |
| | | | 30° | 0° | 0 | |
| | | | 45° | 15° | 0.299 | ○ |
| | | | 60° | 30° | 0.577 | |
| 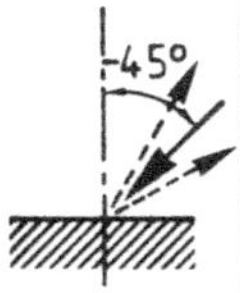  | 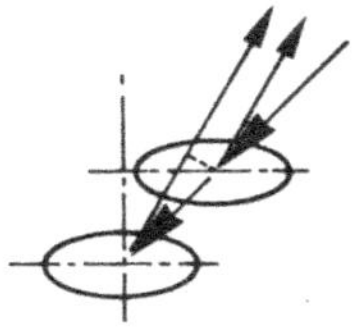 | $\sqrt{2}$ * sin(Ø-45°) | 0° | -45° | 1.0 | |
| | | | 15° | -30° | 0.707 | |
| | | | 30° | -15° | 0.366 | ○ |
| | | | 45° | 0° | 0 | |
| | | | 60° | 15° | 0.366 | |

Bild 31: Auflösungsfaktoren nach unterschiedlichen Einfallswinkeln und Sensorrichtungen

### 3.6.3 Spiegel am Tastsystem

Für die Umlenkung eines Laserstrahls muß der Spiegel eine vorderseitig reflektierende Fläche besitzen. Ein normaler Glasspiegel ergibt mehrere Lichtpunkte nach der Reflexion aufgrund der Totalreflexion innerhalb des Spiegelglases (Bild 32).

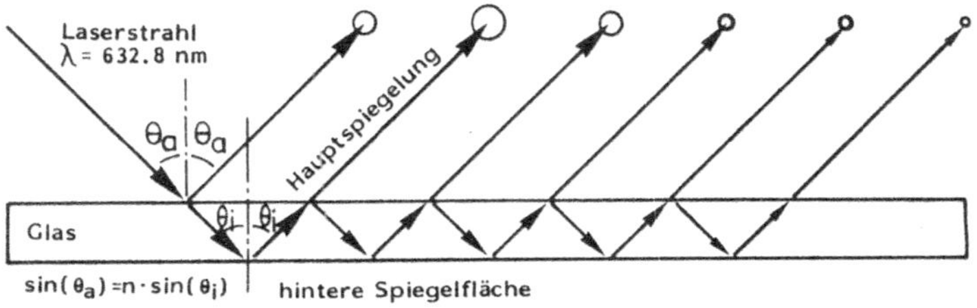


Bild 32: Totalreflexion im normalen Glasspiegel

Einige Möglichkeiten zur Positionierung des Spiegels und der Fokussieroptik sind in Bild 33 dargestellt. Die dritte Methode mit zwei Spiegeln ermöglicht Antastungen in zwei Achsenrichtungen. Dadurch kann eine für beliebige Antastrichtungen erforderliche Bewegungsachse eingespart werden.

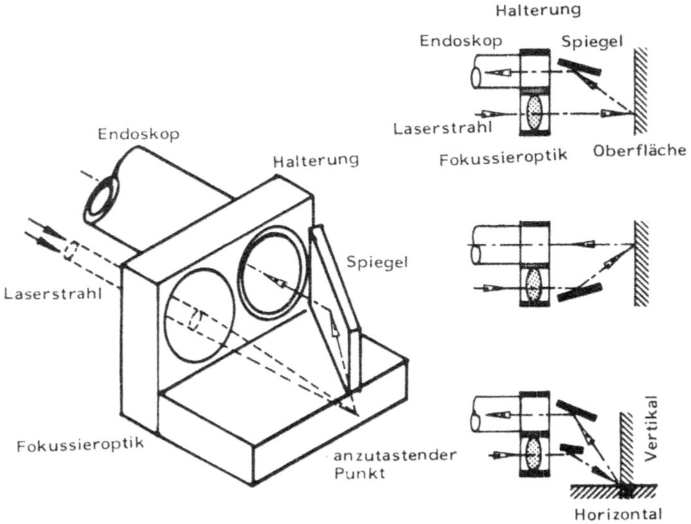


Bild 33: Positionierung der Spiegel am Tastsystem

### 3.6.4 Konzeption für beliebige Antastrichtungen

Um mit diesem Tastprinzip komplizierte Werkstückgeometrien abzudecken, werden am Tastsystem zusätzliche Vorrichtungen zur beliebigen Antastrichtung benötigt. Bild 34 stellt einige mögliche Alternativen dar.

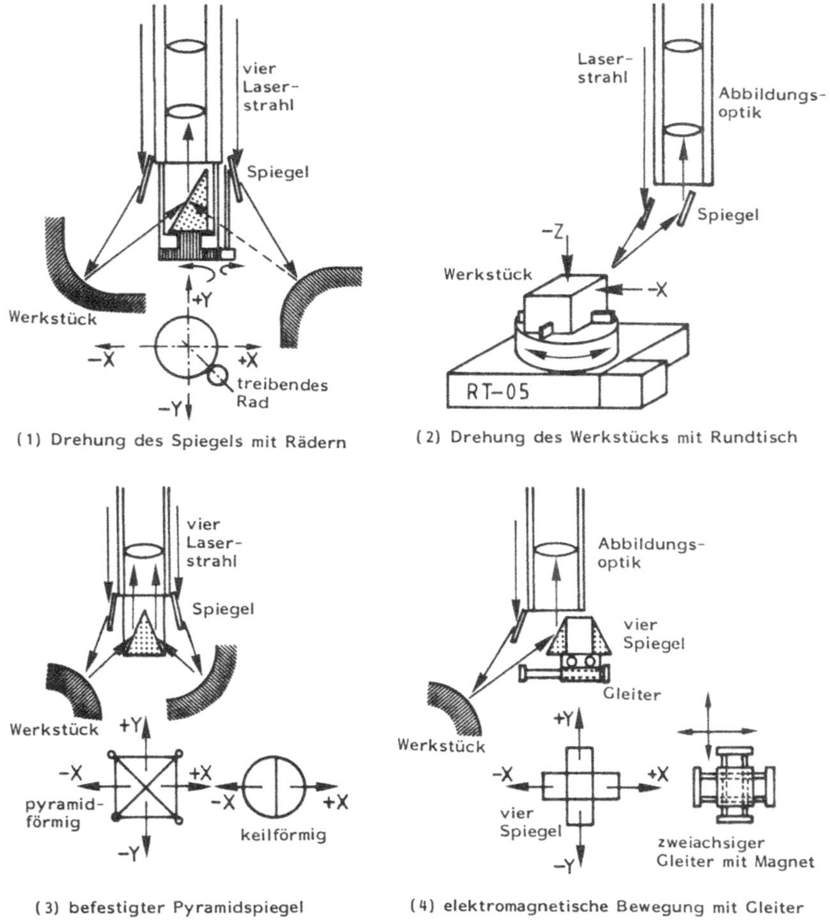


Bild 34: Alternativvorschläge für beliebige Antastrichtungen

# 4 Experimentelle Ergebnisse

## 4.1 Eigenschaften der Versuchseinrichtung

Zur Prüfung der Eigenschaften und der Genauigkeit dieses Tastsystems wurde eine Versuchseinrichtung aufgebaut und damit die Antastung bei unterschiedlichen Bedingungen, z.B. verschiedenen Werkstoffproben und variierenden Einstellungen des Antastwinkels, untersucht. Bild 35 zeigt die Versuchseinrichtung zur eindimensionalen Antastung.

Das bekannte Triangulationsverfahren wird zur optischen Antastung eingesetzt. Die Position des abgebildeten Lichtflecks auf der Wandlerzeile ist abhängig vom Abstand zwischen der Oberfläche und dem Tastsystem. Das Objekt bzw. Probewerkstück wird in beliebigen Neigungen manuell eingestellt, dadurch wird die Auflösung nach der Verkippung der Antastoberfläche gemessen.

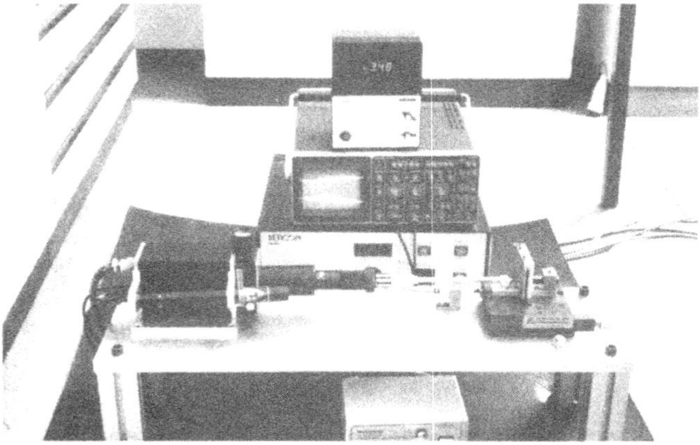

Bild 35: Foto des Versuchsaufbaus

Der induktive Wegaufnehmer ermittelt die genaue Position der Abstandsänderungen des Systems und die Position erscheint auf einem digitalen Anzeiger. Der Meßtisch erlaubt Bewegungen mit einer hohen Positionsgenauigkeit, z.B. 0,6 $\mu$m bei einer Gradeinstellung. Die Anzeige des induktiven Wegaufnehmers stimmt mit der tatsächlichen Bewegung des Meßtisches überein. Die Genauigkeit liegt im Bereich von etwa einem halben Mikrometer, was durch eine Überprüfung nach wiederholten Positionierungen bewiesen wird. Dadurch wird zuverlässig die Genauigkeit des aufgebauten Tastsystems untersucht.

## 4.2 Einfluß der Oberflächenrauheit

### 4.2.1 Vergleich mit mechanischer Antastung

Als Präzisionstastsysteme für KMG wurden bisher hauptsächlich mechanische Verfahren eingesetzt. Die Durchmesser der Tastkugel, beginnend bei etwa einem halben Millimeter, sind wesentlich größer als die Mikrogeometrie der Werkstückoberfläche, weshalb sich bei der Antastung nur eine minimale Beeinflussung der Meßergebnisse aufgrund der Rauheit ergibt (Vgl. Abschn. 4.2.4). Bei mechanischer Antastung kann eine aus der Oberfläche herausragende Spitze abgebrochen werden oder die Tastkugel und die Fläche können sich abplatten/24/.

Bei der optischen Antastung fällt der kleine Lichtfleck in das tiefe Tal der Oberflächengeometrien. Die Tastkugel berührt nur das Bezugsprofil, das als höchste Ebene von einer rauhen Mikrogeometrie gekennzeichnet ist. Aufgrund dessen sind die Meßwerte von einem optischen Tastsystem und einer Tastkugel unterschiedlich (Bild 36).

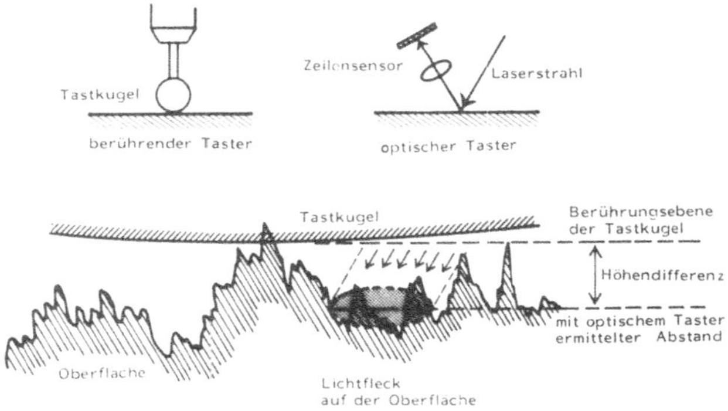


Bild 36: Antasten mit Hilfe einer Tastkugel und eines optischen Tasters

### 4.2.2 Lichtreflexion bei Oberflächenrauheiten

Die Lichtreflexion ist stark abhängig von der Oberflächenrauheit und der Lichtwellenlänge. Ist der Oberflächenparameter (R), z.B. der arithmetische Mittenrauhwert, wesentlich kleiner als diese Wellenlänge, so wird die Oberfläche als "spiegelnd" bezeichnet: der einfallende Lichtstrahl wird nach dem Reflexiongesetz unter dem Winkel $\alpha 1=\alpha 2$ reflektiert.

Nimmt die Rauheit zu, so wird die rückgestreute Intensität immer diffuser; die Lichtintensität verteilt sich räumlich in Abhängigkeit von der Oberflächenstruktur. (Bild 37) /3/.

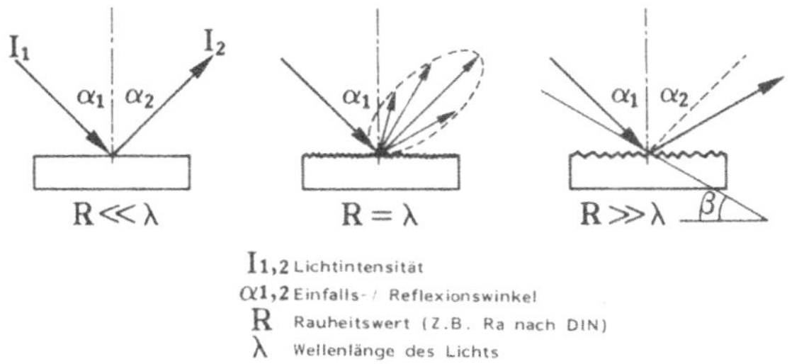


Bild 37: Schematische Darstellung der Wechselwirkung zwischen Licht und rauhen Oberflächen /3/

Die meisten optischen Tastsysteme sind im Hinblick auf die diffundierende Lichtreflexion auf der rauhen Oberfläche konzipiert. Deshalb ergeben sich Schwierigkeiten bei der Antastung auf einer spiegelnden Oberfläche. Dabei sitzt der optische Sensor nicht exakt in der Richtung des reflektierten Lichts. Beim normalen Antasten erreicht wegen der unterschiedlichen Neigungen der Werkstückoberfläche nur das Fußlicht des Reflexionslichts den Sensor.

### 4.2.3 Unregelmäßige Bewegungen des Lichtflecks

Beim Antasten bewegt sich das Tastsystem in Richtung der Werkstückoberfläche. Eine ideale Oberfläche ergibt ein proportionales Verhältnis zwischen der Abstandsänderung und der Position des Lichtflecks. Auf einer rauhen Oberfläche bewegt sich der Lichtfleck nicht regelmäßig. Dabei beeinflußt die Oberflächenrauheit das Meßergebnis direkt.

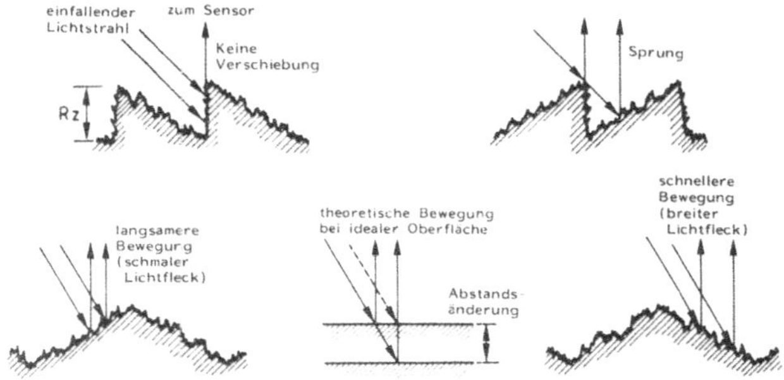


Bild 38: Unregelmäßige Bewegungen des Lichtflecks auf rauher Oberfläche

Die verschiedenen Einflüsse auf den Videoausgang nach unterschiedlichen Mikrogeometrien der rauhen Oberflächen sind in Bild 38 dargestellt. Der Hell-Dunkel-Übergang am Rand des flächenhaften Lichtflecks wird zur Verarbeitung aufgenommen. Eine max. Abweichung ist dabei gleich der Rauhtiefe (Rz), wenn nur die Rauheit berücksichtigt wird (Bild 39).

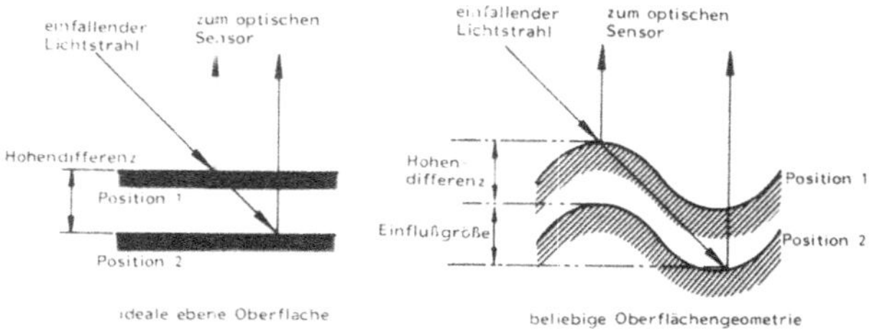


Bild 39: Max. Abweichung aufgrund der Oberflächenrauheit

## 4.2.4 Begriffe der Oberflächenrauheit

Bild 40 zeigt die Definition der verschiedenen Rauheitswerte nach DIN. Der arithmetische Mittenrauhwert (Ra) wird in der Praxis am meisten verwendet. Einige Verfahren zur optischen Rauheitsmessung können durch Änderung der Signalverarbeitung für die optische Antastung verwendet werden /3/.

Nach DIN 4768 und ISO 1302 werden die Rauheitswerte in Tabelle 2. folgendermaßen gekennzeichnet /11/.

| ISO | Ra ($\mu$m) | Rz ($\mu$m) | Bearbeitungsart |
|---|---|---|---|
| N10 | 12,5 | 50,0 | |
| N9 | 6,5 | 25,2 | Walzfräsen |
| N8 | 3,2 | 12,8 | Stirnfräsen |
| N7 | 1,6 | 6,4 | Hobeln, Drehen |
| N6 | 0,8 | 3,2 | Schleifen |
| N5 | 0,4 | 1,6 | Honen |
| N4 | 0,2 | 0,8 | Läpen |
| N3 | 0,1 | 0,4 | Superfinish |
| N2 | 0,05 | 0,2 | |

Tabelle 4. Rauheitswerte nach Bearbeitungsverfahren

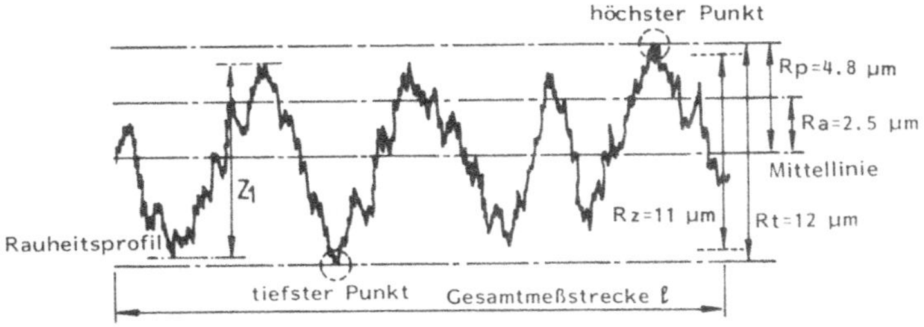


(* Meßwerte eines Rauheitsnormals der Firma Massi)

Ra (arithmetische Rauheit) $= (\int_0^\ell |y| dx)/\ell$

Rs (geometrische Rauheit) $= \sqrt{\int^\ell y^2 dx/\ell}$

Rz (gemittelte Rauhtiefe) $= (Z1+Z2+Z3+Z4+Z5)/5$

Rt (maximale Rauhtiefe) = höchster Punkt - tiefster Punkt

Rp (Glättungstiefe) = höchster Punkt - Mittellinie

Bild 40: Definition der verschiedenen Rauheitswerte

Die Rauheitswerte sind ihrer Definition nach unabhängig von der Wiederholungsperiode der Mikrogeometrien. Der periodische Abstand der rauhen Oberflächengeometrien wird nach dem Vorschub bei der Bearbeitung festgesetzt und könnte deshalb sogar theoretisch ausgerechnet werden /15/.

Zur Bestimmung der durchschnittlichen Flächenposition bei der optischen Antastung mit einem kleinen Lichtfleck soll eine Strecke von mindestens einer Periode abgetastet werden. Wenn der periodische Abstand (Pl) sehr groß ist, tritt beim Meßergebnis mit einem kleinen Radius der Tastkugel (Rk) auch eine bestimmte Abweichung von (Pl**2)/(8*Rk) auf. Für die Messung dieser Periode wird das Korrelationsverfahren eingesetzt. Bild 41 zeigt ein schematisches Diagramm einer Meßeinrichtung zur Vermessung der periodischen Länge mit der Korrelationsfunktion.

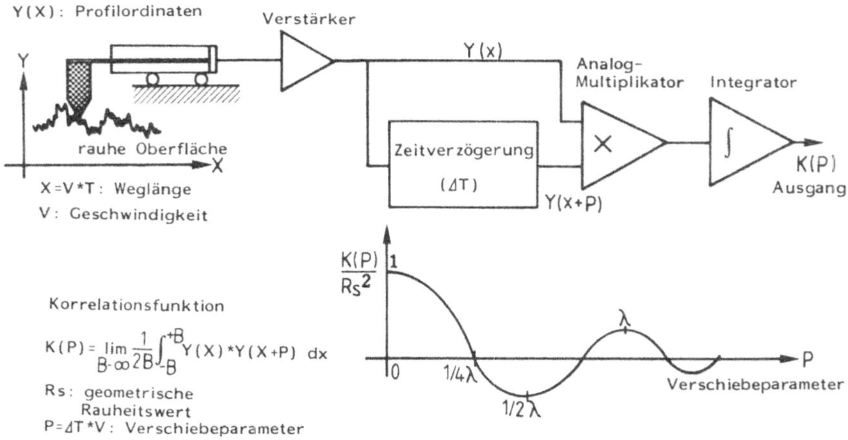


Bild 41: Schematisches Diagramm zur Vermessung der periodischen Länge mit Korrelationsfunktion

### 4.2.5 Standardabweichung bei mehrmaligem Antasten

Die Standardabweichung (S) der optischen Antastung von einer rauhen Oberfläche sollte unter idealisierten Bedingungen mit dem geometrischen Rauheitswert (Rs) übereinstimmen. Bild 42 stellt die Übereinstimmung dar. Die Voraussetzung ist die gleichmäßig gestreute Antastung auf der Oberfläche. Die Wahrscheinlichkeit ($\delta$) der Antastungen werden zur Veranschaulichung der Standardabweichung eingeführt und als Anzahl der Antastungen pro Längeneinheit definiert. Wird der Parameter $\delta$ in der Gleichung (2) gekürzt, so erkennt man die Übereinstimmung der Rs und S.

Diese Abweichung, die bei berührenden Messungen nicht auftritt, sollte rechnerisch ausgeglichen werden.

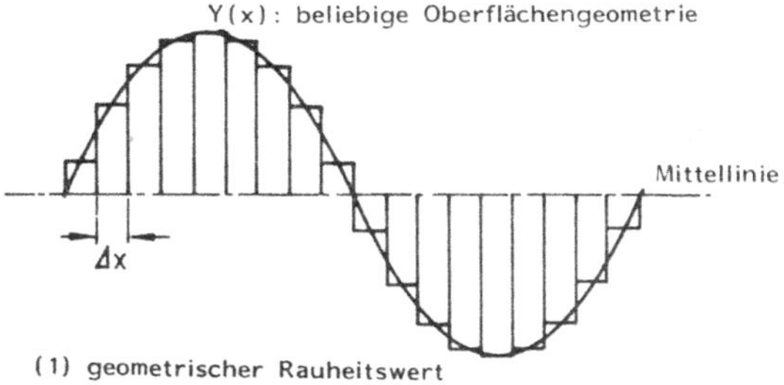


(1) geometrischer Rauheitswert

$$R_S = \sqrt{\frac{1}{\ell}\int_0^{\ell} Y^2 \, dx}$$

(2) Standardabweichung der angetasteten Positionshöhe

$$S = \sqrt{\frac{1}{\gamma \cdot \ell}\int_0^{\ell} Y^2 \, \gamma \, dx}$$

$Y$: Profilhöhe
$\gamma$: Wahrscheinlichkeit der optischen Antastung am Profil
$\gamma \cdot \Delta x$: Anzahl der Antastungen auf dem Interval $\Delta x$
$\gamma \cdot \ell$: Anzahl der gesamten Antastungen auf der Strecke $\ell$

Bild 42: Übereinstimmung des geometrischen Rauheitswerts mit der Standardabweichung bei optischen Antastungen

Zum Vergleich des geometrischen Rauheitswerts (Rs) mit dem arithmetischen Mittenrauhwert (Ra) wird die rauhe Oberfläche als eine mathematische Kurve vorausgesetzt und berechnet.

Wenn die Rauhtiefen (Rz) der Oberflächen gleich sind, dann ist die Differenz zwischen den obengenannten Rauheitswerten von der Kurvenform abhängig. Bild 43 stellt die Differenz zwischen beiden Rauheitswerten dar. Wenn die Oberflächengeometrie die Form einer rechteckigen Welle hat, dann sind die beiden Rauheitswerte gleich. Im allgemeinen ist der geometrische Rauheitswert (Rs) etwa 10 bis 30 Prozent größer als der arithmetische Mittenrauhwert (Ra).

Die Standardabweichung bei optischer Antastung beträgt etwa das 1,15-fache vom arithmetischen Mittenrauhwert.

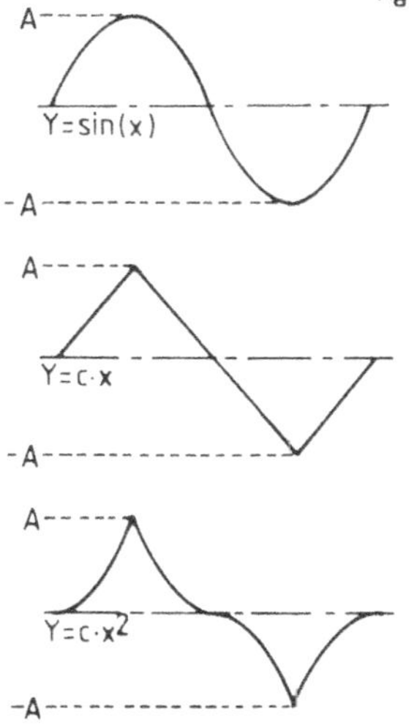


| | $R_a = \frac{1}{\ell}\int_0^\ell \lvert Y\rvert\,dx$ | $R_s = \sqrt{\frac{1}{\ell}\int_0^\ell Y^2\,dx}$ | $\frac{R_s}{R_a}$ |
|---|---|---|---|
| $Y=\sin(x)$ | $\frac{2}{\pi}\cdot A$ | $\frac{1}{\sqrt{2}}\cdot A$ | 1,11 |
| $Y=c\cdot x$ | $\frac{1}{2}\cdot A$ | $\frac{1}{\sqrt{3}}\cdot A$ | 1,15 |
| $Y=c\cdot x^2$ | $\frac{1}{3}\cdot A$ | $\frac{1}{\sqrt{5}}\cdot A$ | 1,34 |

Bild 43: Vergleich des geometrischen Rauheitswerts (Rs) mit dem arithmetischen Mittenrauhwert (Ra)

## 4.3 Ergebnisse der Messungen

### 4.3.1 Auflösung und Genauigkeit

Bei Versuchen mit der optischen Antastung wurden Werkstücke aus verschiedenen Materialien, z.B. Stahl, Aluminium und Messing eingesetzt. Bild 44 zeigt die gemessene Auflösung und die Abweichungen. Die Meßergebnisse stimmen mit der berechneten Auflösung bis zu 1/10-$\mu$m überein. Die hohe Auflösung gewährleistet die Verwendung als ein genaues Tastsystem. Die wesentliche Ursache der Meßabweichung liegt in der Oberflächenrauheit des Werkstücks, was schon im Abschnitt 4.2 dargestellt wurde. Außerdem haben die unterschiedliche Lichtempfindlichkeit der Sensorelemente, die Ausdehnung aufgrund der Temperaturänderung usw. einen Einfluß auf Meßergebnisse.

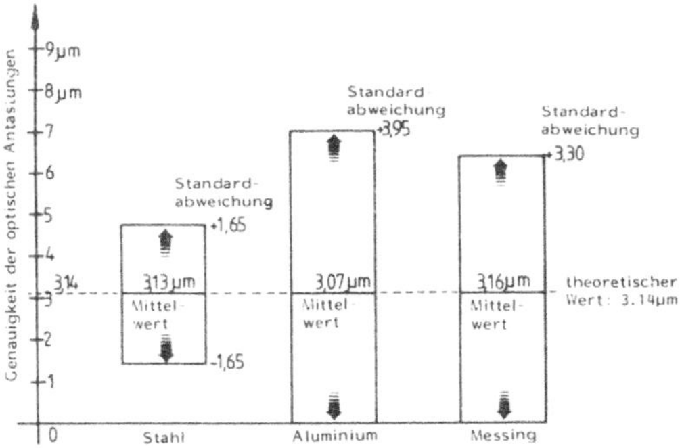


Bild 44: Antastunsicherheit auf unterschiedlichen Materialien

Eine Meßeinrichtung mit hoher Genauigkeit kann nur für einen kurzen Meßbereich eingesetzt werden. Der Prozentsatz der Meßunsicherheit gegenüber dem Meßbereich der Meßvorrichtung wird in der Praxis begrenzt. Unter Berücksichtigung eines schaltenden Tastsystems ist der Meßbereich weniger bedeutend, viel wesentlicher ist die Reproduzierbarkeit. Der angetastete Bereich bei diesen Versuchen betrug 60 µm. Bild 45 stellt die Bewegungen des Lichtflecks und den Antastbereich dar.

Der Lichtfleck ist relativ breit gegenüber der Auflösung des Tastsystems. Die Verkleinerung des fokussierten Lichtflecks ist aufgrund der Beugung des Lichts begrenzt. Um eine hohe Antastgenauigkeit bei unterschiedlichen Oberflächen zu bewahren, sollte ein flächenhafter Lichtfleck einem punktförmigen Lichtfleck nicht gleichgesetzt werden.

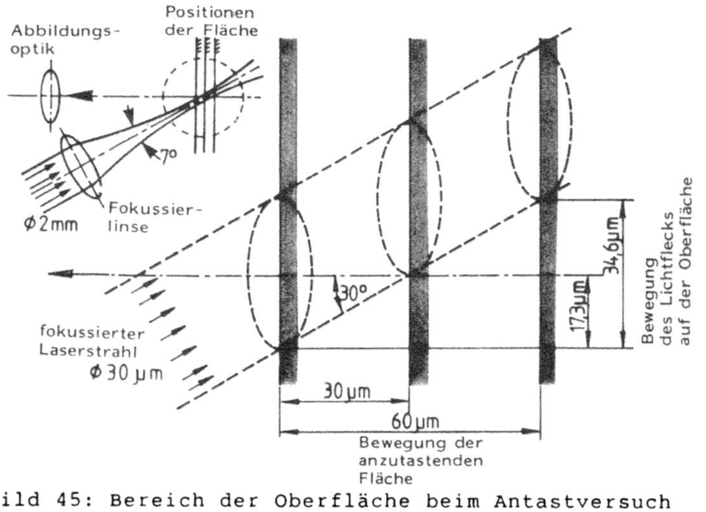


Bild 45: Bereich der Oberfläche beim Antastversuch

## 4.3.2 Bearbeitungsrichtung auf der Oberfläche

Wenn die anzutastende Oberfläche Bearbeitungsspuren in einer Richtung aufweist, dann ist das Intensitätsfeld der Reflexion, je nach dem eingestellten Winkel zwischen dem einfallenden Lichtstrahl und den Bearbeitungsspuren, unterschiedlich. Ein zu den Bearbeitungsspuren hin senkrecht einfallender Lichtstrahl wird mit einem größeren Raumwinkel reflektiert als ein parallel einfallender (Bild 46).

Dadurch ändert sich der Durchmesser der Beleuchtung vom binärisierten Videoausgang je nach Antastrichtung. Deshalb soll für die genaue Antastung die Mittenadresse der Beleuchtung statt des Randes verarbeitet werden. Dafür ist eine ausreichende Leistung der Beleuchtung erforderlich. In der Konstruktion des Aufbaus wurde deshalb die Abbildungsoptik möglichst im Punkt der größten Intensität des reflektierten Lichts positioniert.

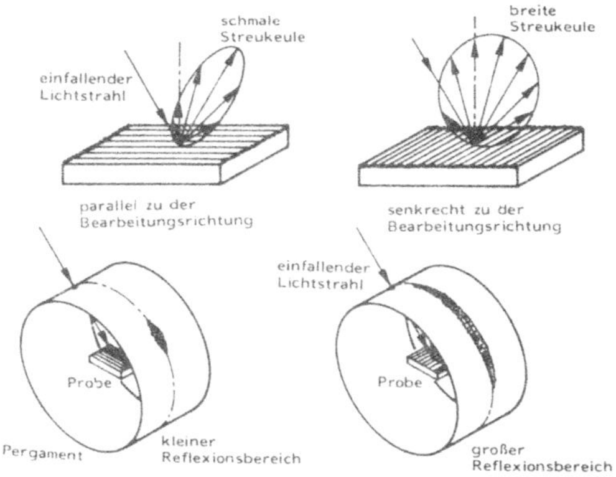


Bild 46: Intensitätsverteilung des Streulichts in Abhängigkeit vom Winkel zwischen einfallendem Lichtstrahl und der Bearbeitungsrichtung

### 4.3.3 Einfluß der Temperaturänderung

Die Versuchseinrichtung besteht aus verschiedenen Materialien, die sehr unterschiedliche Wärmeausdehnungskoeffizienten haben. Bild 47 stellt die theoretische Meßabweichung nach der Temperaturänderung dar. Für eine Präzisionsmeßeinrichtung sollte der Werkstoff Aluminium vermieden werden, da er bei Temperaturänderungen zu empfindlich ist.

Eine Temperaturänderung von 1 °C während der Messung mit diesem Aufbau ergibt einen Meßfehler von 4,4 $\mu$m. Diese Abweichung ist sehr groß in bezug auf die erforderliche Genauigkeit des Tastsystems. Um den Einfluß der Temperaturänderung zu erniedrigen, wurden beim Versuch alle Meßvorgänge ununterbrochen ausgeführt.

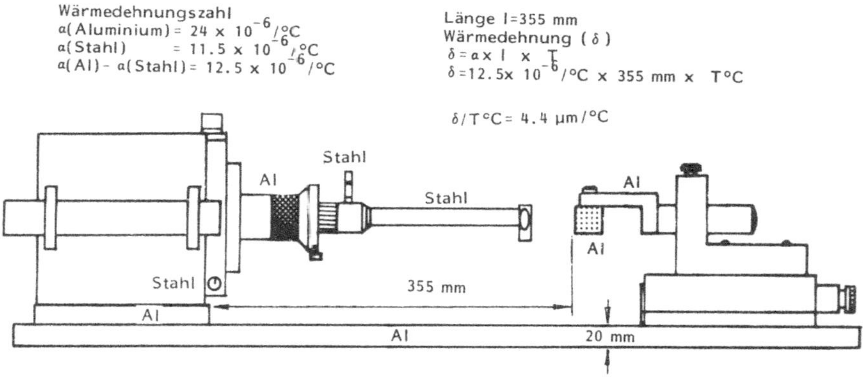


Bild 47: Meßabweichung nach Temperaturänderung

## 4.3.4 Verkippung der Oberfläche

Der Verkippungswinkel der Oberfläche gegenüber der Antastrichtung beeinflußt direkt das Meßergebnis. Bild 48 stellt die geometrische Größe nach der Verkippung dar.

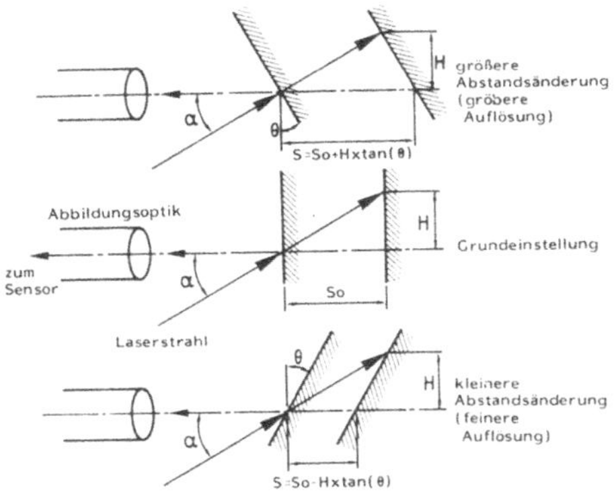


Bild 48: Unterschiedliche Auflösung bei Verkippung der Oberfläche

Nach der Verkippung verändert sich die Auflösung (S) des Tastsystems:

$S = So + H * \tan(\theta)$

So: Auflösung bei Grundeinstellung

H : Sensormittenabstand(D)/ Bildvergrößerung(G)

θ : Verkippungswinkel der Oberfläche

Eine zu stark geneigte Oberfläche reflektiert weniger Licht in Richtung der Abbildungsoptik und verursacht deshalb eine schwache Aussteuerung des opto-elektronischen Wandlers und kann somit eine optische Antastung verhindern.

Die gemessene Auflösung eindimensionaler Antastungen nach der Verkippung im Bereich von ± 30° wird in Bild 49 dargestellt. Bei diesen Antastungen wird die Bildvergrößerung 14-fach eingestellt und eine Diodenzeile mit dem Sensormittenabstand von 50,8 μm verwendet. Ein gefräster Würfel aus Aluminium wird als Objekt eingesetzt. Das Meßergebnis stimmt mit der theoretischen Berechnung überein.

Der Blickwinkel zwischen dem Laserstrahl und der Abbildungsoptik kann nicht sehr exakt definiert werden. Die Winkelabweichung liegt in einem Bereich von etwa ± 1°, da sich die Position des Lichtflecks während der Antastbewegung ändert. Die Einrichtung weist die Antastmöglichkeit bei einer Oberflächenneigung im Bereich von 30° auf.

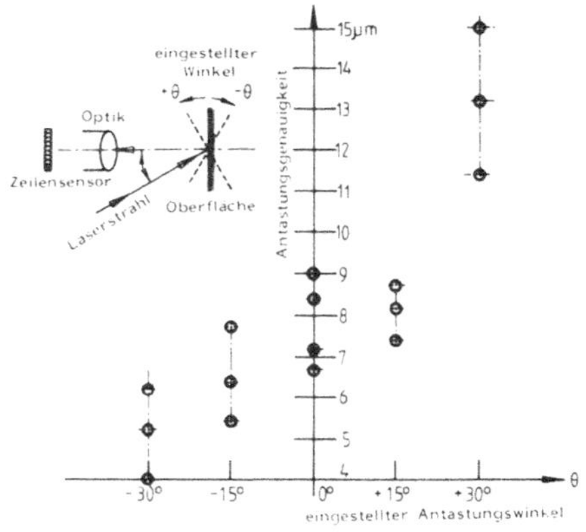


Bild 49: Auflösung bei unterschiedlichen Antastwinkeln

# 5 Integration in Koordinatenmeßgerät

## 5.1 Verbindung des optischen Tastsystems

### 5.1.1 Mechanischer Anschluß

Das optische Tastsystem ist in ein KMG integriert. Der induktive Tastkopf wurde von der Pinole der Meßmaschine entfernt und an gleicher Stelle wurde das entwickelte Tastsystem montiert. Bild 50 zeigt das integrierte Tastsystem. Damit wurden verschiedene Messungen wie folgt durchgeführt:

- Wiederholgenauigkeit,
- Dickenmessung der Parallelendmaße,
- Einfluß der Oberflächenrauheiten,
- Messungen der Innen- und Außendurchmesser, sowie
- Probewerkstücke aus verschiedenen Materialien.

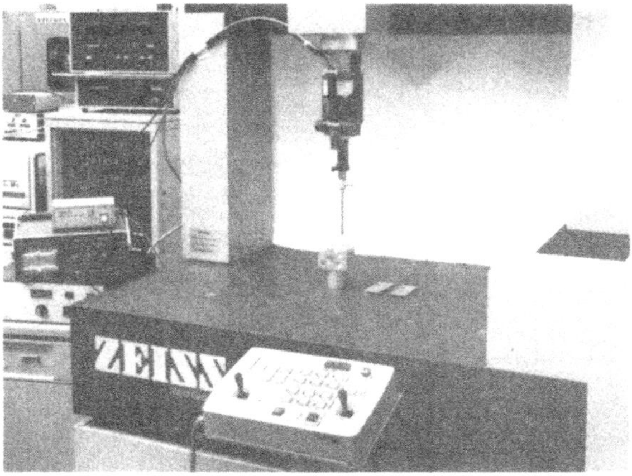


Bild 50: Messungen mit dem integrierten Tastsystem

## 5.1.2 Elektronischer Anschluß

Nach einem Tastsignal beim Tastvorgang liest der Steuerrechner die Koordinaten von Maßstäben des Koordinatenmeßgerätes ab. Um eine hohe Antastgenauigkeit zu erhalten, muß das Tastsignal rechtzeitig erzeugt und vom Rechner erkannt werden. Eine elektronische Schnittstelle verbindet dafür die Zeilenkamera und den Rechner. Das am Institut verfügbare KMG ist über den IEC-Bus (HP-IB) an den Rechner angeschlossen und daneben bleibt zur Datenübertragung die V-24-Schnittstelle erhalten (Bild 51). Für schnelle Antastungen sollte das Tastsystem entweder an die parallele Schnittstelle oder an den rechnerinternen CPU-Bus des Steuerrechners angeschlossen werden. Das Tastsytem wird wie andere Peripheriegeräte durch den IEC-Bus gesteuert.

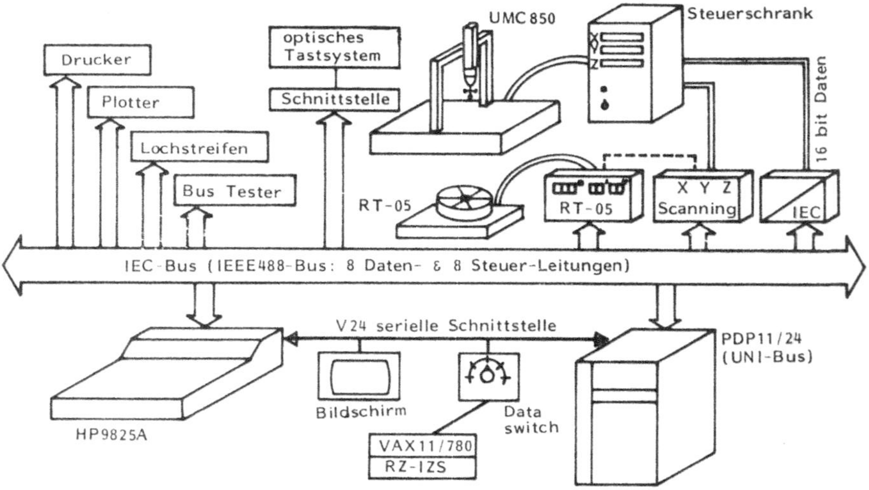


Bild 51: Elektronische Verbindungen am Meßplatz (UMC-850)

Die Schnittstellenkarte wird zur optischen Antastung mit einem zeilenförmigen CCD-Sensor konzipiert (Bild 52). Der Flipflop-Baustein erzeugt einen elektrischen Impuls bei allen Dunkel-Hell- und Hell-Dunkel-Übergängen. Die Adresse der Beleuchtungsmitte vom Videoausgang wird im Register gespeichert. Das Antastverfahren mit dieser Schnittstelle kann je nach Steuerprogramm beliebig sein. Z.B. wird die Antastung bei einem schaltenden Tastsystem dann ausgeführt, wenn die Mitte des abgebildeten Lichtflecks in der Bildebene mit einem bestimmten Sensorelement übereinstimmt. Bei einem messenden System wird die Position der Lichtfleckmitte für die Berechnung der Ablenkung vom Nullpunkt ermittelt und zur zweistufigen Bestimmung der Koordinaten des Tastpunkts zurückgeführt.

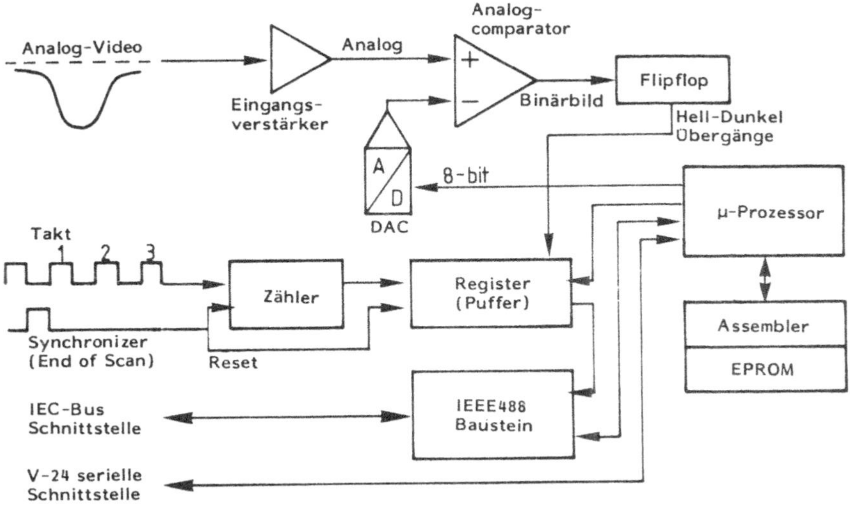


Bild 52: Schaltdiagramm der Schnittstelle zur optischen Antastung mit CCD-Zeilensensor

### 5.1.3 Schaltende Antastung

Die Steuereinheit der optischen Zeilenkamera ermöglicht nach den Signalverarbeitungen unterschiedliche Ausgaben:

- Anzahl der ersten dunklen Elemente
- Anzahl aller hellen Elemente usw.

Zur Antastung einer Oberfläche wird diese Anzeige verwendet. Wenn während der Antastbewegung der erste Dunkel-Hell-Übergang mit einer ausgewählten Adresse des Sensorelements übereinstimmt, dann wird die Antastung angenommen und die Koordinaten des KMG werden eingelesen (Bild 53).

Bei diesem Versuch wird für die Steuerung des KMG das sogenannte "UMESS"-Meßprogramm der Firma Zeiss eingesetzt. Mit dieser Software kann man die Pinole an beliebigen Koordinaten positionieren oder schrittweise bewegen. Dafür wird eine CNC-Steuerung programmiert und aufgerufen. Durch das Umschalten auf langsamere Fahrgeschwindigkeit läßt sich die Maschine manuell genau positionieren bzw. antasten.

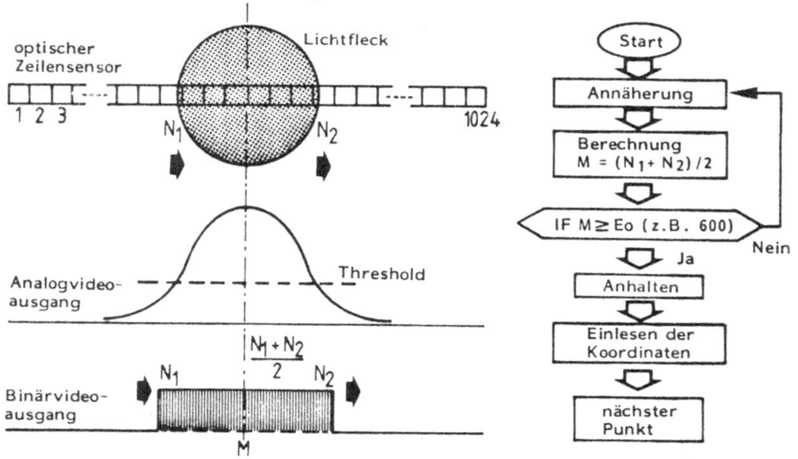


Bild 53: Steuerprogramm zum schaltenden Antasten

### 5.1.4 Optimierte Antastung

Aufgrund des proportionalen Verhältnisses zwischen dem Abstand und der Position des Lichtflecks beim Triangulationsprinzip kann das Tastsystem, je nach Steuerprogramm messend oder schaltend, verwendet werden. Mit diesem Tastsystem wird eine neue Antastkonzeption, die im folgenden auch "Optimierte Antastung" genannt wird, eingeführt.

Bild 54 stellt den Einfluß der Oberflächenrauheiten dar. Zur Beseitigung dieses Einflusses soll eine durchschnittliche Position der Fläche festgelegt werden. Das Tastsystem nimmt dafür zuerst mehrere Punktkoordinaten in unterschiedlichen Höhen auf. Damit werden den Meßwerten der Z-Achse des KMG entsprechende Abstandwerte des optischen Tastsystems zugeordnet, deren Beziehung bei idealer Oberfläche einen linearen Zusammenhang ergeben müßte. Bild 55 zeigt dazu den Zusammenhang zwischen der Position des KMG und der Lage des abgebildeteten Lichtflecks auf der Diodenzeile.

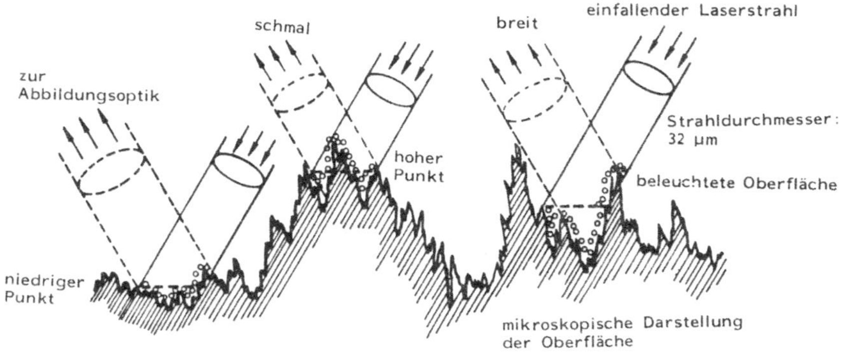


Bild 54: Abweichungen der Antastungshöhe von rauher Oberfläche

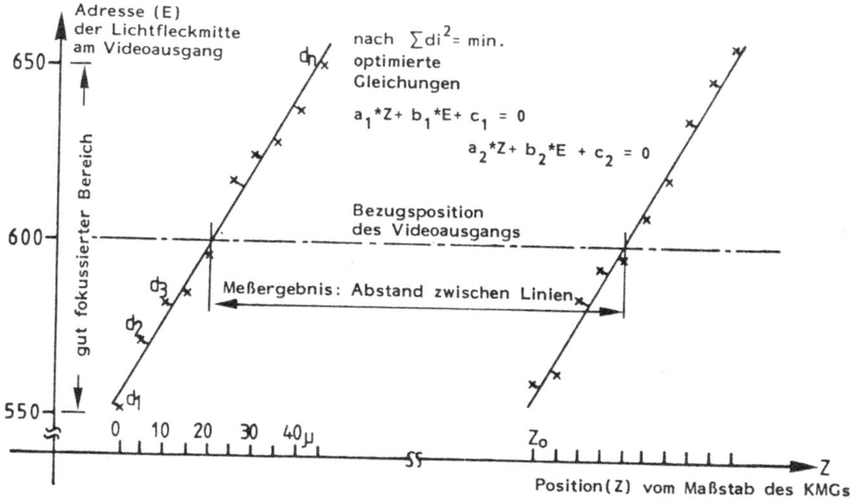


Bild 55: Optimierte Antastung mit optischem Tastsystem

Durch die Minimierung der Summe der Abstandsquadrate von der Liniengleichung wird die Höhenposition der angetasteten Fläche berechnet. Dabei wird die Gauß'sche Elimination eingeführt. Dieses Verfahren wird ähnlich der Berechnung der geometrischen Elemente mit n-Punktantastungen bei der Koordinatenmeßtechnik durchgeführt /11/.

$$0 = a \times Z + b \times E + c$$

a : gesuchter Parameter
Z : aufgenommene Koordinaten in der Antastrichtung vom KMG
b : gesuchter Parameter
E : eingelesene Adresse der Lichtfleckmitte des Tasters
c : Lösungsglieder (z.B. c=1)

Die Abstände (di) aller Punkte von der gesuchten Linie bilden ein lineares Gleichungssystem:
di = a x Zi+ b x Ei+ c

Zur Minimierung der Summe der Abstandsquadrate:

$$\Sigma(d_i^2) = \text{min.}$$

Aus dieser Gleichung zur linearen Optimierung folgen nach der Ableitung der einzelnen unbekannten Größen a,b zwei Bedingungen:

$$\frac{\partial}{\partial a}(\Sigma d_i^2) = 0$$

$$\frac{\partial}{\partial b}(\Sigma d_i^2) = 0$$

Für diese Optimierung wird die Gauß'sche Ausgleichsrechnung eingesetzt:

$$a \cdot \Sigma(Z_i^2) + b \cdot \Sigma(Z_i \cdot E_i) + \Sigma Z_i = 0$$

$$a \cdot \Sigma(E_i \cdot Z_i) + b \cdot \Sigma(E_i^2) + \Sigma E_i = 0$$

Die Dicke bzw. der Höhenunterschied (H) wird wie folgt im Rechner bestimmt:

$$H = \frac{1}{a_2}(b_2 \cdot E_o + c_2) - \frac{1}{a_1}(b_1 \cdot E_o + c_1)$$

Eo: eine bestimmte Adresse des Sensorelements (z.B. Eo=600)

Der Tastpunkt der optimierten Antastung liegt nicht in der Bezugsprofilhöhe sondern in der Profilmittellinie der rauhen Oberfläche. Die Addition der Glättungstiefe (Rp) ist zum Ausgleich der Differenz zwischen berührender und optimierter Antastung erforderlich (vgl. Abschnitt 4.2.3).

### 5.1.5 Justierung der Optik des Tastsystems

Um die geforderte Genauigkeit im Mikrometerbereich zu erreichen, muß die Meßeinrichtung zuerst sorgfältig justiert werden. Der Fokussierpunkt der Beleuchtungsoptik sollte mit der Mitte der Abbildungsoptik übereinstimmen. Bei einem Höhenunterschied von einem Millimeter wird der fokussierte Lichtfleck auf der anzutastenden Oberfläche um 90 $\mu m$ vergrößert und seine Lichtintensität auf ein Zehntel bedeutend verringert. Die genaue Position des Lichtflecks erfordert eine dreidimensionale Einstellung des Spiegels.
Bild 56 zeigt die wichtigen Einstellgrößen der Optik des Tastsystems.

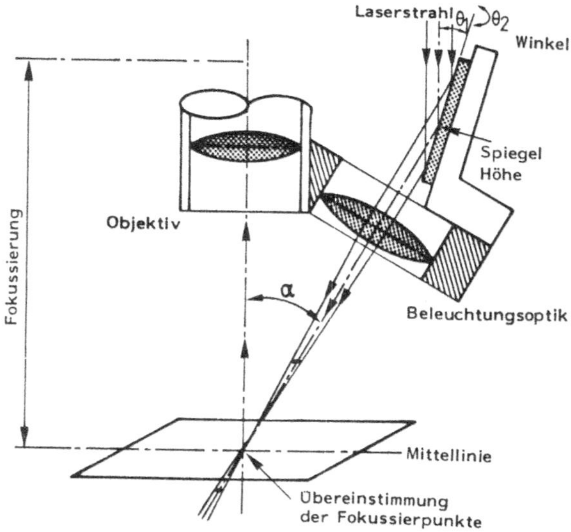


Bild 56: Einstellgrößen zur optischen Justierung der Optik des Tastsystems

## 5.2 Versuchsergebnisse

### 5.2.1 Wiederholgenauigkeit

Nach Achsenbewegungen des KMG im Versuch wird die optische Antastung im gleichen Koordinatenpunkt auf der Werkstückoberfläche wiederholt. Bei der Antastung wird eine Adresse der Dunkel-Hell-Übergangsposition ausgewählt und der Antastfahrweg wird nach der Achsenbewegung bis zum selben Übergang weiter geführt.

Ein Parallelendmaß wurde als anzutastende Werkstückoberfläche eingesetzt. Die drei Achsen des KMG wurden unterschiedlich lange Strecken nach einem CNC-Programm bewegt und zurückgefahren. Die Ergebnisse der Versuche hinsichtlich der Antastgenauigkeit sind in Bild 57 dargestellt.

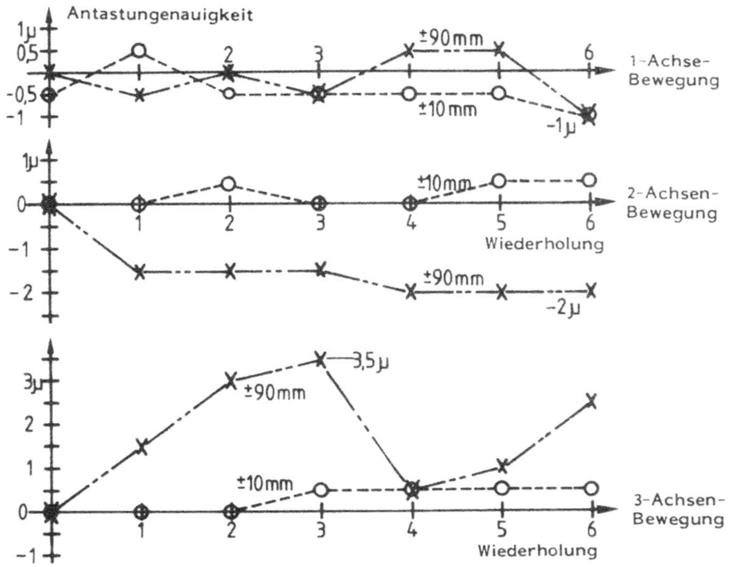


Bild 57: Wiederholgenauigkeit des optischen Tastsystems

Durch die Bewegungen auf langen Strecken entstehen Unsicherheiten von max. 3 µm. Nach einer kurzen Bewegung kommt es zu einer Abweichung von ungefähr 1 µm. Die Ursache dieser Abweichung kann auf folgende Einflüsse zurückgeführt werden:

- Ungenauigkeit der Positionierung des KMG
- elastische Biegung wegen der Verbindungskabel
- Temperatur-Änderung bei den Messungen

Bei der Messung hat die Genauigkeit des eingesetzten KMG nachgelassen. Laut Beschreibung des Herstellers des KMG beträgt die Meßunsicherheit (U):
$U = 2.1 + L/300$ µm

Das Präzisionstastsystem ist sehr empfindlich, so daß sich durch eine leichte Berührung der Verbindungskabel des Tastsystems der Videoausgang bzw. die angezeigte Übergangsposition direkt verändern können.

Entsprechend der Norm werden alle geometrischen Meßmaschinen bei einer Umgebungstemperatur von 20 °C justiert bzw. eingestellt. Die Meßabweichung durch die Temperaturänderung wird nach der Messung der Werkstücke nachträglich rechnerisch abgezogen. In der Regel werden mehrere Temperatursensoren, z.B. aus Konstantan, auf den Glasmaßstab des KMG aufgeklebt, und der Mittelwert der gelesenen Temperaturen wird zur Ermittlung der Länge unter der genormten Bedingung verwendet. Die Wärmeausdehnungskoeffizienten des Werkstücks und des Maßstabs werden dafür eingegeben. Die Temperaturschwankungen des Werkstücks und des Tastsystems lagen während der Messungen zwischen 18 und 21 °C. Bei dieser Messung wurde der Einfluß der Temperaturänderung nicht berücksichtigt.

### 5.2.2 Dickenmessung an Parallelendmaßen

Zum Prüfen der Genauigkeit des Tastsystems wird ein Parallelendmaß als Probewerkstück eingesetzt. Nach Angabe des Herstellers besitzen die Parallelendmaße mit dem Gütegrad "Extra 0" eine Genauigkeit von 0,1 bis 0,28 µm je nach Meßlänge. Die Überprüfung der Dicke mit einem berührendem Tastkopf zeigte, daß die Abweichungen unterhalb der Meßunsicherheit blieben.

Die hochglanzpolierte Oberfläche der Parallelendmaße wurde ohne Schwierigkeit mit dem optischen Tastsystem angetastet. Der Videoausgang zeigt jedoch ein dünnes spitzenförmiges Bild, während das Analogvideosignal von rauher Oberfläche eine relativ viereckige Form zeigt. Der Durchmesser der binärisierten Beleuchtung wird dabei auf 6 bis 12 Sensorelemente des hellen Bereiches verkleinert.

Die Meßergebnisse der Dickenmessung sind im Bild 58 dargestellt. Die Messung ohne Koordinatentransformation für die Werkstücklage kann eine wesentliche Ursache dieser Meßabweichungen von 1 bis 18 µm sein. Die optimierte Antastung wird bei dieser Messung verwendet.

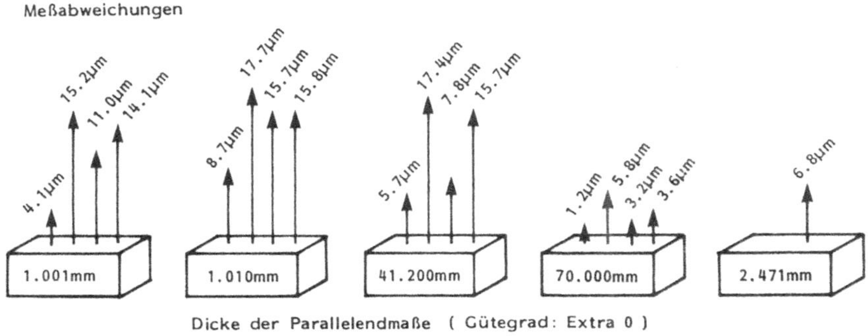


Bild 58: Meßabweichungen bei Dickenmessung an Parallelendmaßen

### 5.2.3 Messung rauher Oberflächen

Um eine Beziehung zwischen den Oberflächeneigenschaften und der Meßunsicherheit bei optischer Antastung zu definieren, wurden zwei Rauheitsnormale der Firma LCA-CEA Roch/Schweiz als Probeoberflächen eingesetzt. Das "RUGOTEST-101" weist bestimmte Bearbeitungsspuren auf, da die Oberfläche gehobelt wurde. Am "RUGOTEST-107" dagegen läßt sich keine Bearbeitungsrichtung ableiten, da es durch Elektro-Erosion bearbeitet wurde.

Die gemessene Auflösung mit dem Tastsystem liegt im Bereich von 1,9 bis 2,0 $\mu$m, was mit der nach der Bildvergrößerung berechneten Auflösung übereinstimmt. Bild 59 zeigt einen deutlichen Zusammenhang zwischen den Rauheitswerten und den Standardabweichungen der optischen Antastungen. Das "RUGOTEST-101" mit bestimmter Bearbeitungsrichtung zeigt eine größere Proportionalität gegenüber dem "RUGOTEST-107". Der abgetastete Längenbereich der Oberfläche betrug 55 $\mu$m für kleine Rauheitswerte und 145 $\mu$m für größere Rauheitswerte.

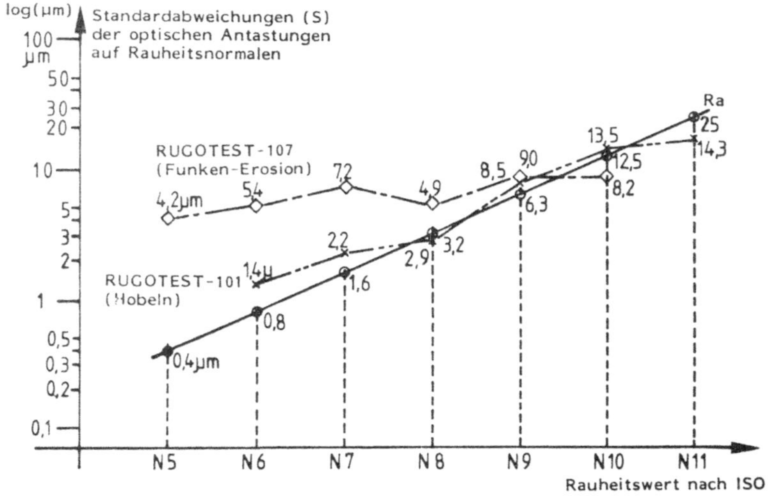


Bild 59: Standardabweichung der optischen Antastungen auf Rauheitsnormalen

## 5.2.4 Höhenmessungen an Würfeln aus unterschiedlichen Materialien

Es wurden Würfel aus unterschiedlichen Werkstoffen als Werkstücke bei optischen Messungen eingesetzt. Gute Möglichkeiten zur optischen Antastung mit diesem Tastsystem ergeben sich bei Stahl, Aluminium, Messing und PVC.

Die angefertigten Werkstücke weisen nach der Überprüfung mit dem induktiven Tastkopf Höhenabweichungen von 10 bis 30 µm auf. Die optimierte Antastung wird bei dieser Höhenmessung ebenfalls eingesetzt. Bild 60 zeigt die Meßergebnisse. Die mikroskopische Oberflächenstruktur bewirkt die Standardabweichung der Messung. Der Laserstrahl fährt teilweise in die Oberfläche des PVC-Werkstücks hinein und die Lichtreflexion innerhalb des Materials verursacht eine gewisse Abweichung. In der Praxis sollte diese Abweichungsgröße bei der Berechnung mit einbezogen werden. Bei metallischen Werkstoffen zeigen sich Übereinstimmungen zwischen den Meßergebnissen des optischen Tastsystems und des induktiven Tastsystems.

| OPTISCHE HÖHENMESSUNGEN DER WÜRFEL AUS UNTERSCHIEDLICHEN MATERIALIEN | | | | |
|---|---|---|---|---|
| WERKSTOFF | Stahl | Aluminium | Messing | PVC |
| Standard-abweichungen der optischen Messungen | 3.7µ | 3.7µ | 1.6µ | 4.9µ |
| mit optischem Tastsystem | 12.0555mm | 12.1518mm | 12.0489mm | 12.0214mm |
| mit induktivem Tastkopf (berührend) | 12.0422-12.0563mm | 12.1241-12.1543mm | 12.0328-12.0548mm | 11.9166-11.9947mm |
| Vergleich | Übereinstimmung | Übereinstimmung | Übereinstimmung | Abweichung |

Bild 60: Optische Höhenmessung an Würfeln aus unterschiedlichen Materialien

## 5.2.5 Messungen von Außendurchmessern

Zur Messung von Außendurchmessern wurde das Tastsystem als messendes System verwendet. Dafür bewegt sich die Pinole des KMG nur horizontal zum Scanning des oberen Kreissegments des zylinderförmigen Werkstücks.

Das Meßergebnis ist hauptsächlich abhängig vom Bildvergrößerungsfaktor (Bild 61). Der Bildvergrößerungsfaktor ändert sich je nach Abstand des Tastpunkts vom Abbildungsobjektiv in einem sehr großen Bereich (Vgl. Abschn. 3.5.6).

Die Durchmessermessung eines eingeschränkten Kreissegments mit dem n-Punkte-Verfahren ergibt eine größere Meßabweichung, weil der Fehler der Kreisform bzw. die Meßunsicherheit das Ergebnis gegenüber dem Vollkreis stärker beeinflußt.

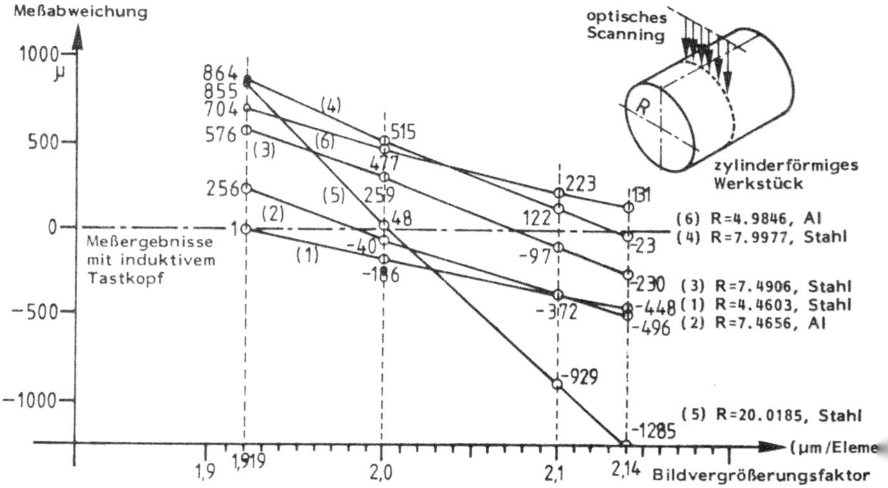


Bild 61: Meßabweichungen bei der optischen Messung von Außendurchmessern mit dem messenden Tastsystem

## 5.3 Erfahrungen und Grenzen des Einsatzes

### 5.3.1 Grenzen des Einsatzes

Das entwickelte Tastsystem füllt die Lücke zwischen dem KMG mit induktivem Tastkopf und dem Meßmikroskop mit bildverarbeitendem Taster aus. Mögliche Anwendungen sind z.B. die Messung von biegsamen oder leicht verformbaren Werkstücken aus dünnen Blechen oder Kunststoff, sowie mit langen Formen. Bezüglich der Meßunsicherheit ist dieses System für die Messung der Werkstücke erst ab einer Toleranz von etwa 10 $\mu$m problemlos einsatzbar.

Bild 62 zeigt Möglichkeiten der geometrischen Messung mit dem optischen Tastsystem. Die rechnerisch verknüpften Geometrien wie Symmetrie, Abstand, Gerade oder Winkel sind mit diesem Tastsystem selbstverständlich meßbar. Anhand der punktförmigen Antastung sowie des ausreichenden Freiarbeitsraums vor dem Taster hat sich auch die Eignung für Messungen an räumlich gekrümmten Flächen gezeigt.

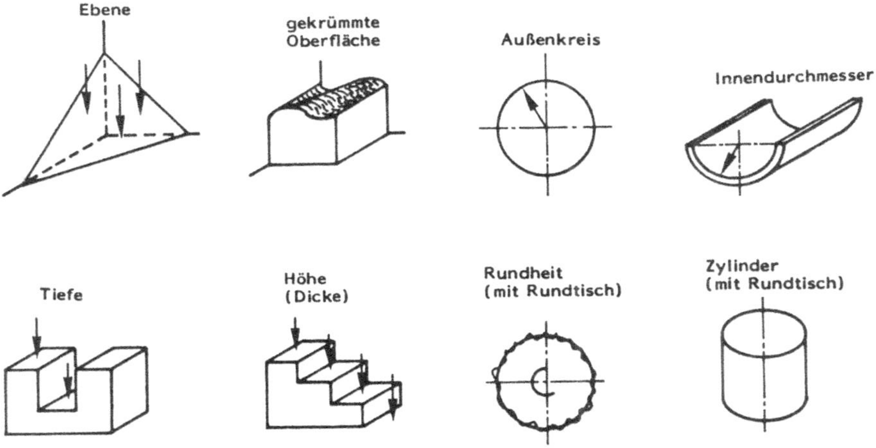


Bild 62: Mit dem Tastsystem abtastbare Werkstückgeometrien

### 5.3.2 Vorteile des entwickelten Tastsystems

Die wissenschaftlichen Aspekte bzw. die Vorteile des entwickelten Tastsystems werden im Vergleich mit den vorhandenen berührungslosen Tastsystemen im folgenden erörtert.

- Zeitpunkt dieser Entwicklung: Das optische Triangulationsprinzip wurde ursprünglich als Meßsystem entwickelt, z.B. "Optocator" der Fa. Selcom. Der Lasertaster der Fa. TESA/ Schweiz verwendet das gleiche Prinzip, jedoch wurde es später vom Markt zurückgezogen. Während dieser Arbeit wurden einige optische Tastsysteme für KMG weiterentwickelt und erscheinen jetzt auf dem Markt (Vgl. Kapitel 2).

- Antastunsicherheit: Die Wiederholgenauigkeit des Tastsystems mit dem Triangulationsprinzip wurde auf wenige $\mu$m erniedrigt. Entsprechend der Angabe der Anwender ergibt der optische Taster mit demselben Prinzip eine viel größere Antastunsicherheit. Die Größe des fokussierten Lichtflecks solcher Taster ist relativ groß und damit ist eine hohe Meßgenauigkeit schwierig.

- Flexibilität gegenüber Werkstückgeometrien: Dank des Einsatzes eines dünnen Endoskopes als Abbildungsoptik und der parallelen Lenkung des Laserstrahls ergibt sich ein schmaler Aufbau und damit kann sich das Tastsystem den komplizierten und tiefen Meßgeometrien, z.B. Hohlräumen, kollisionsarm annähern. Mit anderen Tastern werden dagegen nur sehr breit geöffnete Flächen angetastet.

- Einmessung des Tasters: Das Tastsystem ist so konstruiert, daß dessen Antastsignal unabhängig von Werkstoffen und Helligkeiten der anzutastenden Oberflächen ist. Ein wiederholende Einmessung des Tasters wird deswegen nicht benötigt. Dagegen müssen andere Taster nach der Änderung der Werkstoffe immer neu eingemessen werden.

- Untersuchung des Einflusses der Oberflächenrauheit: Der Einfluß der Oberflächenrauheit bei der optischen Antastung mit dem Triangulationsprinzip wurde erstmals bei dieser Arbeit theoretisch und experimentell untersucht. Um genaue Meßergebnisse bei der optischen Antastung zu erhalten, müßte dieser Einfluß bei den anderen Systemen ebenso berücksichtigt bzw. beseitigt werden.

- Aufspannung des Werkstücks: Erfahrungsgemäß besteht ein großer Vorteil des entwickelten Tastsystems gegenüber dem berührenden Tastsystem darin, daß damit die Messung ohne feste Aufspannung der Werkstücke durchgefüht werden kann.

## 6 Zusammenfassung

Das Messen mit berührenden Tastsystemen ist mit Nachteilen, die sich im wesentlichen aus der Antastkraft ergeben, behaftet. Daher wurde ein berührungsloses Tastsystem entwickelt.

Einige optische Tastsysteme für KMG sind bereits am Markt erhältlich, für deren Einsatz hinsichtlich der in der Praxis vorhandenen vielseitigen Anwendungen und hohen Genauigkeitsanforderungen allerdings noch Verbesserungsmaßnahmen notwendig sind.

Nach der Bewertung der möglichen Verfahren wurde das Triangulationsprinzip ausgewählt, bei welchem ein He-Ne-Laser und ein CCD-Zeilensensor Verwendung finden. Um eine hohe Auflösung mit diesem Prinzip zu erreichen, werden beim Aufbau der Versuchseinrichtung eine Optik zur starken Bildvergrößerung, eine Laserlichtquelle und ein Zeilensensor mit einem feinen Elementabstand eingesetzt.

Die theoretische Einflußgröße der Oberflächenrauheit bei optischen Antastungen wurde untersucht. Sie entspricht maximal der Rauhtiefe. Die Streuung der Meßergebnisse bei dem verwendeten Tastsystem zeigt eine Übereinstimmung mit den Rauheitswerten der jeweils betrachteten Oberflächen.

Zur Beseitigung des Einflusses der Oberflächenrauheit beim optischen Antasten wird eine neue Methode, genannt "Optimierte Antastung", eingeführt. Die Bestimmung der durchschnittlichen Höhenposition der angetasteten Oberfläche macht ein Optimierungsverfahren notwendig. Die Ergebnisse von Messungen an verschiedenen Werkstücken weisen die guten

Einsatzmöglichkeiten des beschriebenen Tastsystems nach dem vorgenannten optimierten Antasten auf.

Das aufgebaute Tastsystem zeigt gute Anwendungsmöglichkeiten in Bereichen, wo herkömmliche Taster nur unzureichende Ergebnisse lieferten, so z.B. beim Antasten räumlich gekrümmter Oberflächen, kleiner Werkstückgeometrien, biegsamer Werkstücke sowie bei weichen Werkstoffen. Um optimale Meßergebnisse bei den verschiedensten Werkstücken zu erzielen, sollten sich das optische Tastsystem und ein herkömmliches gegenseitig ergänzen. Alternativvorschläge zur beliebigen Antastrichtung sind konzipiert.

Ein wesentlicher Vorteil des entwickelten gegenüber anderen optischen Tastsystemen mit dem gleichen Prinzip ist die Möglichkeit, auch verdeckte Geometrien (z.B. Sacklöcher) zu messen, dank der Ablenkung des Laserstrahls und des schmalen Aufbaus. Die erhöhte Antastgenauigkeit mit Hilfe der kleinen Lichtfleckgröße und der starken Bildvergrößerung ist ebenso ein großer Vorzug. Ein weiterer Vorteil bei der Anwendung des optischen Tastsystems wird nach ersten Erfahrungen deutlich: das Aufspannen des zu messenden Werkstücks entfällt, wodurch sich die Meßzeit wesentlich verkürzen kann.

## 7. Schrifttum

/1/ Kampa, H.; Weckenmann, A.: Koordinatenmeßgeräte. Gerätekonfiguration, Software, Auswahlkriterien. VDI-Z. 125(1983) Nr.21, S.M67-M74

/2/ Dietzsch, M; Kampa, H.: Automatische Tasterwechseleinrichtung für Mehrkoordinatenmeßgeräte. Qualität und Zuverlässigkeit, 22(1977) 8, S.176-180

/3/ Ahlers, R.-J.: Die optische Rauheitsmessung in der Qualitätstechnik. Springer-Verlag, Berlin, New York, Tokyo, Dissertation, 1986

/4/ Melchior, K.; Pavel, G.: Automatisieren von Prüfvorgängen mit bildverarbeitenden Sensoren. Technisches Messen. 50(1983) Heft 5, S.185 und Heft 6, S.225

/5/ Warnecke, H.-J.; Keferstein, C.P.; Schreiber, L.: Möglichkeiten der Bildverarbeitung in der Koordinatenmeßtechnik. Werkstattstechnik-Z. ind. Fertigung. 76(1986) S.461-466

/6/ Brunk, W.: Optische Bestimmung der Planheit von Topf- und Pfannenböden. Feinwerktechnik & Messtechnik 90(1982) S.70

/7/ Warnecke, H.-J.; Pavel. G.; Kuhn, G.: Optical Testing of Bolt-Type Screws. Annals of the CIRP Vol. 30/1/1981 S.461

/8/ Warnecke, H.-J.; Dutschke, W.: Fertigungsmeßtechnik. Springer-Verlag 1984

/9/ Hecht, E.; Zajac A.: Optics. Addison-Wesley Publishing Company, 1974

/10/ Warnecke, H.-J.; Ahlers R.-J.; Kim H.-S.: Einfluß der Oberflächenrauheit auf die optische Antastung. Werkstattstechnik-Z. ind. Fertigung, 77(1987) Heft 6, S.307-310

/11/ Walz: Physik. Hermann Schroedel Verlag KG. Hannover, Berlin, Dortmund, Kapitel Optik

/12/ Pavel, G: Prinzipien und Anwendungen von berührungslosen Sensoren. VDI-Seminar, Automatisieren visueller Prüfvorgänge. 31.1-1.2.1985

/13/ Rembold U.; Armbruster K.; Ülzmann W.: Interface-Technologie für Prozeß und Mikrorechner. R. Oldensbourg Verlag, Müchen,Wien, 1981

/14/ Warnecke H.-J.: Messtechnik II (Fertigungstechnisches Messen), Umdruck zur Vorlesung, IFF der Uni. Stuttgart.

/15/ Thiel, S.; Ahlers R.-J.: Optisches Antasten. DGaO-Tagung, Juni 1984, Isny Vortragmanuskript

/16/ Cook, R.O.; Hamm, C.W.: Fiber optic lever displacement Transducer. Applied Optics, Vol.18, No.19, Oktober 1979, S.3230-3240

/17/ Brändle, R.: Lichtleiter verbindet Profilprojektoren mit Rechnern. Werkstatt und Betrieb 117(1984) 11 S.715-717

/18/ Sonderegger, E.: Laser-Meßkopf in der praktischen Drei-Koordinaten-Meßtechnik. QZ. 29(1984) Heft 11, S.361-362

/19/ Pfeifer, T.; Molitor, M.: Optische Abstandsmeßgeräte. Industrie Anzeiger Nr.100 v.16.12.1983/105.Jg. S.21-23

/20/ Doemens, G.: Automatisierung von Sichtprüfungen. Feinwerktechnik & Messtechnik 89(1981) 2, S.61

/21/ Für die He-Ne-Lasertechnik. Firmenschrift, Siemens AG.

/22/ Beyer, W.; Pahl, W.: Pneumatischer Drei-Koordinaten-Wegaufnehmer. ZwF 71(1976) 7 S.292-294

/23/ CCD Analog VLSI-Technologie der 80er Jahre. Firmenschrift, Fairchild, A Schulumberger Company.

/24/ Lüdicke, F.: Untersuchungen zur Abplattung beim Antasten von Ebenen und V-Nuten mit stahlkugeln. Physikalisch-Technische Bundesanstalt Bericht Me-34, TU Carolo-Wilhelmina zu Braunschweig, Dissertation, 1982

/25/ Bambach, M.; Breyer, K.-H.; Göpfert, U.; Hesper H.-J.; Kampa, H.; Lenz, K.-J.; Schüßler, H.-H.; Schwertz, M.; Weckenmann, A.: Zur Genauigkeit von Mehrkoordinaten-Meßgeräten und deren Überprüfung. VDI-Z 122(1980) Nr.13, S.535-548.

/26/ Maruyama, H.: Entwicklung eines Berührungslosen Fühlers für 3-D Koordinatenmeßgerät. Wissenschaftliche Versammlung von japanischen Ingenieuren für feine Maschinen, Herbst-Seminar im 1984, S.397

/27/ Kampa, H.; Schreiber, L: Entwicklung einer rechnergestützten Lichtschnitt-Meßanlage zum Prüfen von Bohrwerkzeugen. VDI-Berichte 529, Koordinatenmeßtechnik (1984) S.307

/28/ Melchior, K: Prüfen mit optoelektronischen Sensoren. Werkstattstechnik-Z. ind. Fertig. 72(1982), S.627-630

/29/ Keferstein, C.: Praxisorientierten Einsatz der TV-Kamera zur automatisierten Längenmeßtechnik. QZ-26(1981) Heft2, S.38

/30/ Gurny, W.H.; Schmidt, W.: Optoelektronisches Dreikoordinatenmeßgerät. Wt.-Z. ind. Fertig. 73(1983) S.759-760

/31/ Kluge, B.: Messen mit optoelektronischen Geräten. Wt.-Z. ind. Fertig. 72(1982) S.623-625

/32/ Liebers, L.: Berührungsloses Messen in der Fertigung. Feinwerktechnik & Messtechnik 89(1981) 8, S.375

/33/ Barke, E.: Nichtberührendes Meßsystem zur räumlichen Vermessung von Werkstücken. Feinwerktechnik & Messtechnik 87(1979) 5, S.216

/34/ Warnecke, H.-J.; Keferstein, C.: Optoelektronische Koordinatenmeßgeräte. Wt.-Z. ind. Fertig. 73(1983) S.617

/35/ Bücken, H.: Berührungsloses Messen mechanischer Größen. Messen+ Prüfen/ Automatik, Mai 1981 S.290

/36/ Miyoshi, T: Optical Fiber Displacement Sensor with Micro-Selfoc Lens. Präsentation von Hokkaido Uni. Juli 1984

/37/ Pfeifer, T.; Jobs, G.: Messen mit Linearkameras. Industrie Anzeiger Nr.100 v.16. 12.1983/105.Jg. S.24

/38/ Stein, G; Tropf, H.: Bildanalysesysteme für Automation. Industrie Anzeiger Nr.100 v.16. 12.1983/105.Jg. S.27

/39/ Foederer, A.F.; Hagen, J.L.M.; van Nie, A.G.: Optische Messung der Krümmung reflektierender Oberflächen. Feinwerktechnik & Messtechnik 91(1983) 4, S.181

/40/ Erben, A.; Böhem, U.: Optisches Antasten von Bohrungswänden mit Interferenzlinie bei Längenmessung mit Zweikoordinatenmeßgeräten. Feingerätetechnik 31.Jg. Heft 11/1982 S.497

/41/ Kartzow, M.: Einsatzbeispiele für dimensionelles Messen mit optischen Koordinatenmeßgeräten. VDI-Berichte 529(1984) Koordinatenmeßtechnik, S.297

/42/ Khermouch, G.: B & S marries laser ranging probe to CMM. American Metal Market/ Metalworking News, December 19, 1983

/43/ Breitmeier, U.: Einsatz Opto-elektronischer Sensoren in der Fertigungstechnik sowie zum Steuern von Industrierobotern. VDI-Z 125(1983) Nr.21--Nov(1) S.873

/44/ Marguerre, H.: Dreidimensionale optische Formerfassung von Oberflächen zur Qualitätsprüfung. Feinwerktechnik & Messtechnik 91(1983) 2, S.67

/45/ Baker, R.: Using the Television Image to Measure Size and Position. sensor Review July 1981, S.144

/46/ Brune, W.; Bitter, K.H.: Optoelektronische Bildsensortechnik in einer flexiblen Montageanlage. Feinwerktechnik & Messtechnik 90(1982) 2, S.54

/47/ Longford, A.H.; Reticon, G.: Intelligent Vision for industrial Control. Sensor Review 1981 January. S.8

/48/ Kanzler, W.: NC-Maschine als Koordinatenmeßgerät. Wt.-Z. ind. Gertig. 71(1981) S.469-472

/49/ Dutschke, W.: Entwicklungstendenz in der Fertigungsmeßtechnik. Technisches Messen 50.Jg. 1983 Heft 5, S.171

/50/ Ahlers, R.-J.: Optisches Verfahren zur Bestimmung der Oberflächenrauheit. Technisches Messen 50.Jg. 1983 Heft 6, S.233

/51/ Transducer for optical Measurements. Firmenschrift, Firma TOM AG

/52/ Kenefik, J.F.; Staudacher, F.: US-Flugzeugindustrie nutzt photo-grammetrische Meßtechnik. Präzisions- und Fertigungstechnik aus der Schweiz. September 1984 S.94

/53/ Gantzlin, J.; Gast, Th.: Ein schnelles automatisches Antastsystem für Im-prozeß-Messung bei der Drehbearbeitung. Feinwerktechnik & Messtechnik 87(1979) 5, S.221

/54/ Krang, R.; Lanzo, O.: Ein opto-elektronischer Sensor für Industrieroboter. Feinwerktechnik & Messtechnik 87(1979) 2, S.83

/55/ Wolf, H.: Optisches Antastsystem zur Identifizierung und Lageerkennung dreidimensionaler Objekte. Feinwerktechnik & Messtechnik 87(1979) 2, S.86

/56/ Schulz, H.; Brose, K.: Dimensionale Werkstück-Erkennung durch Industrieroboter. werkstatt und Betrieb 116(1983) 6, S.379

/57/ Barke, E.: Vergleich einfacher Verfahren zur Kantenerkennung in Videosignalen. Technisches Messen 48.Jg. 1981 Heft 5, S.165

/58/ Neske, E.; Landesberg, B.: Meßverfahren zur berührungslosen Verfolgung von Konturen. Technisches Messen 49. Jg. 1982 Heft 11, S.399

/59/ Schwenzfeier, W.; Winterstätter, A.: Optische Längenmeßeinrichtung zur Messung des Abstandes zu einem Bezugsstrahl. Technisches Messen 48.Jg. 1981 Heft 5, S.187

/60/ Kampa, H.; Czetto, R.; Cartarius, G.; Hesper, H.-J.; Schneider, H.-J.; Schwertz, M.; Weckenmann, A.; Pressel, H.-G.: Lehrgangsunterlagen für Güterprüfer des Bundesamtes für Wehrtechnik und Beschaffung. 24.-28.10.1983, Fa. KOMEG

/61/ Von Treuenfels, A.: Induktiver Sensor zur berührungslosen Lagenvermessung und Werkzeugführung. Technisches Messen 51.Jg.(1984) Heft 11, S.398-404

/62/ Ring, M: Optoelktronisches umrüstfreies Messen in der Drehfertigung und der Qualitätskontrolle. WT-Z ind. Fertig. 76(1986) Nr.5 S.19-24

/63/ Seitz, G.; Tiziani, H.; Litschel, R: 3-D-Koordinatenmessung durch optische Triangulation. Feinwerktechnik & Messtechnik 94(1986) 7, S.423-425

/64/ Tiziani, H.: Optische Grundgesetze, Vorlesungsumdruck, Institut für Technische Optik, Uni. Stuttgart

/65/ Tiziani, H.: Optische Meßtechnik und Meßverfahren, Vorlesungsumdruck, Institut für Technische Optik, Uni. Stuttgart

/66/ Tiziani, H.: Optische Informationsverarbeitung, Vorlesungsumdruck, Institut für Technische Optik, Uni. Stuttgart

# IPA Forschung und Praxis

Schriftenreihe aus dem Institut für Produktionstechnik und Automatisierung, Stuttgart

Herausgeber: Prof. Dr.-Ing. H. J. Warnecke

---

**Datenerfassung im Produktionsbereich**
Von E. Bendeich. ISBN 3-7830-0117-8.
1977, 176 Seiten, kartoniert. 54,— DM

**Methodenauswahl für die Materialbewirtschaftung in Maschinenbau-Betrieben**
Von H. Graf. ISBN 3-7830-0136-6.
1977, 144 Seiten, kartoniert. 54,— DM

**Systematische Auswahl von Förderhilfsmitteln für den innerbetrieblichen Materialfluß**
Von W. Rau. ISBN 3-7830-0139-0.
1977, 103 Seiten, kartoniert. 40,— DM

**Grundlagen zur Planung von Ersatzteilfertigungen**
Von E. Schulz. ISBN 3-7830-0138-2.
1977, 98 Seiten, kartoniert. 40,— DM

**Rechnerunterstützte Fabrikplanung**
Von B. Minten. ISBN 3-7830-0116-1.
1977, 124 Seiten, kartoniert. 38,— DM

**Eine Planungsmethode für automatische Montagesysteme**
Von H.-G. Löhr. ISBN 3-7830-0120-X.
1977, 108 Seiten, kartoniert. 32,— DM

**Planung und Bewertung von Arbeitssystemen in der Montage**
Von H. Metzger. ISBN 3-7830-0131-5.
1977, 108 Seiten, kartoniert. 40,— DM

**Klassifizierungssystem für Prüfmittel der industriellen Längenprüftechnik**
Von R. Czetto. ISBN 3-7830-0144-7.
1978, 181 Seiten, kartoniert. 64,— DM

**Rechnerunterstützte Montageplanung**
Von O. Hirschbach. ISBN 3-7830-0149-8.
1978, 146 Seiten, kartoniert. 52,— DM

**Rechnerunterstützte Entwicklung von Simulationsmodellen für Unternehmensplanspiele**
Von A. Moker. ISBN 3-7830-0147-1.
1978, 181 Seiten, kartoniert. 64,— DM

**Arbeitsplatzanalysen zur Ermittlung der Einsatzmöglichkeiten und Anforderungen an Industrieroboter**
Von G. Herrmann. ISBN 37830-0151-X.
1978, 113 Seiten, kartoniert. 40,— DM

**MFSP — Ein Verfahren zur Simulation komplexer Materialflußsysteme**
Von G. Stemmer. ISBN 3-7830-0118-8.
1977, 140 Seiten, kartoniert. 60,— DM

**Berührungslose Erkennung durch Positionsbestimmung von Objekten durch inkohärent-optische Korrelation**
Von M. König. ISBN 3-7830-0137-4.
1977, 110 Seiten, kartoniert. 40,— DM

**Auslegung von Störungspuffern in kapitalintensiven Fertigungslinien**
Von R. v. Stetten. ISBN 3-7830-0140-4.
1977, 154 Seiten, kartoniert. 56,— DM

**Flexible Transportablaufsteuerung**
Von G. Römer. ISBN 3-7830-0114-5.
1977, 188 Seiten, kartoniert. 60,— DM

**Rechnergestützte Realplanung von Fabrikanlagen**
Von T.-K. Sauter. ISBN 3-7830-0119-6.
1977, 108 Seiten, kartoniert. 32,— DM

**Systematisches Auswählen und Konzipieren von programmierbaren Handhabungsgeräten**
Von R. D. Schraft. ISBN 3-7830-0115-3.
1977, 108 Seiten, kartoniert. 32,— DM

**Auslandsproduktion**
Von W. Cypris. ISBN 3-7830-0145-5.
1978, 126 Seiten, kartoniert. 42,— DM

**Wirtschaftlicher Einsatz von Mehrkoordinatenmeßgeräten**
Von M. Dietzsch. ISBN 3-7830-0148-X.
1978, 142 Seiten, kartoniert. 52,— DM

**Fertigungssteuerung bei flexiblen Arbeitsstrukturen**
Von K.-G. Lederer. ISBN 3-7830-0146-3.
1978, 128 Seiten, kartoniert. 42,— DM

**Untersuchungen zum Polieren und Entgraten durch elektrochemisches Oberflächenabtragen**
Von K. Zerweck. ISBN 3-7830-0150-1.
1978, 110 Seiten, kartoniert. 40,— DM

**Stufenweise Ableitung eines praktischen Planungssystems für den Entwicklungsbereich**
Von R. Hichert. ISBN 3-7830-0149-8.
1978, 151 Seiten, kartoniert. 52,— DM

**Produktionsplanung mit Auftragsfamilien**
Von U. W. Geitner. ISBN 3-7830-0161.7.
1979, 110 Seiten, kartoniert. 45,— DM

**Thermisch-chemisches Entgraten**
Von T. Wagner. ISBN 3-7830-0164-1.
1979, 111 Seiten, kartoniert. 45,— DM

**Untersuchung der Materialflußkosten bei ausgewählten Systemen der Zentralen Arbeitsverteilung**
Von R. Wenzel. ISBN 3-7830-0162-5.
1979, 168 Seiten, kartoniert. 86,— DM

**Anpassung und Einführung eines Planungssystems für die Ablaufplanung im Konstruktionsbereich**
Von W. Dangelmaier. ISBN 3-7830-0163-3.
1979, 168 Seiten, kartoniert. 80,— DM

**Längenmessungen an bewegten Teilen mit berührungslos wirkenden Aufnehmern**
Von H. Lang. ISBN 3-7830-0157-9.
1979, 89 Seiten, kartoniert. 42,— DM

**Untersuchung multistabiler Strömungselemente und ihr Einsatz in sequentiellen Steuerungen**
Von A. Ernst. ISBN 3-7830-0157-9.
1979, 122 Seiten, kartoniert. 48,— DM

**Taktile Sensoren für programmierbare Handhabungsgeräte**
Von M. Schweizer. ISBN 3-7830-0158-7.
1979, 91 Seiten, kartoniert. 42,— DM

**Die rechnerunterstützte Prüfplanung**
Von P. Bläsing. ISBN 3-7830-0152-8.
1979, 100 Seiten, kartoniert. 44,— DM

**Verfahren zur Fabrikplanung im Mensch-Rechner-Dialog am Bildschirm**
Von W. Ernst. ISBN 3-7830-0156-0.
1979, 218 Seiten, kartoniert. 72,— DM

**Rechnerunterstütztes Verfahren zur Leistungsabstimmung von Mehrmodell-Montagesystemen**
Von M. Görke. ISBN 3-7830-0155-2.
1979, 139 Seiten, kartoniert. 50,— DM

**Standortbezogene Betriebsmittel**
Von G. Pflieger. ISBN 3-7830-0167-6.
1979, 127 Seiten, kartoniert. 52,— DM

**Die betriebswirtschaftliche Beurteilung neuer Arbeitsformen**
Von B.-H. Zippe. ISBN 3-7830-0168-4.
1979, 350 Seiten, kartoniert. 98,— DM

**Untersuchung des Arbeitsverhaltens programmierbarer Handhabungsgeräte**
Von B. Brodbeck. ISBN 3-7830-0169-2.
1979, 117 Seiten, kartoniert. 48,— DM

**Untersuchung eines kohärent-optischen Verfahrens zur Rauheitsmessung**
Von N. Rau. ISBN 3-7830-0174-9.
1979, 117 Seiten, kartoniert. 48,— DM

**Entwicklung einer programmierbaren, pneumatischen Steuerung**
Von D. Klemenz. ISBN 3-7830-0171-4.
1979, 93 Seiten, kartoniert. 42,— DM

# IPA Forschung und Praxis

Berichte aus dem Fraunhofer-Institut für Produktionstechnik und Automatisierung, Stuttgart, und dem Institut für Industrielle Fertigung und Fabrikbetrieb der Universität Stuttgart

Herausgeber: Prof. Dr.-Ing. H. J. Warnecke

---

38 **Arbeitsgangterminierung mit variabel strukturierten Arbeitsplänen — Ein Beitrag zur Fertigungssteuerung flexibler Fertigungssysteme**
Von U. Maier. ISBN 3-540-10213-2.
1980. 111 Seiten mit 45 Abbildungen. 43.— DM

39 **Kapazitätsabgleich bei flexiblen Fertigungssystemen**
Von P. S. Nieß. ISBN 3-540-10372-4.
1980. 151 Seiten mit 57 Abbildungen. 48.— DM

40 **Schichtdickenverteilung auf galvanisierten Paßteilen am Beispiel kleiner abgesetzter Wellen und Bohrungen**
Von D. Wolfhard. ISBN 3-540-10373-2.
1980. 177 Seiten mit 83 Abbildungen. 48.— DM

41 **Planung von Mehrstellenarbeit unter Berücksichtigung von Umfeldaufgaben**
Von S. Haußermann. ISBN 3-540-10374-0.
1980. 136 Seiten mit 59 Abbildungen. 48.— DM

42 **Untersuchungen zur Schmierfilmdicke in Druckluftzylindern — Beurteilung der Abstreifwirkung und des Reibungsverhaltens von Pneumatikdichtungen mit Hilfe eines neu entwickelten Schmierfilmdicken-meßverfahrens**
Von R. Kohnlechner. ISBN 3-540-10375-9.
1980. 100 Seiten mit 38 Abbildungen und 4 Tabellen. 43.— DM

43 **Typologie zum überbetrieblichen Vergleich von Fertigungssteuerungsverfahren im Maschinenbau**
Von G. Rabus. ISBN 3-540-10376-7.
1980. 174 Seiten mit 88 Abbildungen und 21 Tafeln. 48.— DM

44 **System zur Planung des Umlaufbestandes in Betrieben mit Serienfertigung**
Von K.-G. Wilhelm. ISBN 3-540-10377-5.
1980. 142 Seiten mit 67 Abbildungen und 15 Tafeln. 48.— DM

45 **Rechnerunterstützte Arbeitsplanerstellung mit Kleinrechnern, dargestellt am Beispiel der Blechbearbeitung**
Von W. Hoheisel. ISBN 3-540-10505-0.
1981. 169 Seiten mit 74 Abbildungen. 48.— DM

46 **Beitrag zur Verbesserung der Wirtschaftlichkeit EDV-unterstützter Fertigungssteuerungssysteme durch Schwachstellenanalyse**
Von J. Lienert. ISBN 3-540-10506-9.
1981. 148 Seiten mit 37 Abbildungen. 48.— DM

47 **Die Abscheidung von Öl an Entlüftungsöffnungen drucklufttechnischer Anlagen**
Von W.-D. Kiessling. ISBN 3-540-10604-9.
1981. 117 Seiten mit 48 Abbildungen und 3 Tabellen. 43.— DM

48 **Dynamische Optimierung technisch-ökonomischer Systeme**
Von J. Warschat. ISBN 3-540-10717-7.
1981. 132 Seiten mit 60 Abbildungen. 43.— DM

49 **Bildsensor zur Mustererkennung und Positionsmessung bei programmierbaren Handhabungsgeräten**
Von H. Geißelmann. ISBN 3-540-10735-5.
1981. 125 Seiten mit 52 Abbildungen. 43.— DM

50 **Verfügbarkeitsberechnung für komplexe Fertigungseinrichtungen**
Von Ekkehard Gericke. ISBN 3-540-10779-7.
1981. 132 Seiten mit 71 Abbildungen. 43.— DM

51 **Materialflußgestaltung in Fertigungssystemen**
Von Willi Rößner. ISBN 3-540-10888-2.
1981. 149 Seiten mit 76 Abbildungen. 48.— DM

52 **Beitrag zur Analyse der Auswirkungen der Mikroelektronik, dargestellt am Beispiel der Büromaschinen-Industrie**
Von Werner Neubauer. ISBN 3-540-10991-9.
1981. 145 Seiten mit 27 Abbildungen und 47 Tabellen. 43.— DM

53 **Modelle von Informationssystemen zur kurzfristigen Fertigungssteuerung und ihre Gestaltung nach betriebsspezifischen Gesichtspunkten**
Von Roland Gentner. ISBN 3-540-10992-7.
1981. 181 Seiten mit 69 Abbildungen und 7 Tabellen. 48.— DM

54 **Entwicklung von Verfahren zur Terminplanung und -steuerung bei flexiblen Montagesystemen**
Von Jürgen H. Kolle. ISBN 3-540-11227-8.
1981. 132 Seiten mit 64 Abbildungen und 1 Faltplan. 43.— DM

55 **Arbeits- und Kapazitätsteilung in der Montage**
Von Stefan Dittmayer. ISBN 3-540-11228-6.
1981. 124 Seiten und 56 Abbildungen. 43.— DM

56 **Beitrag zur systematischen Planung der Qualitätsprüfung bei Klein- und Mittelserienfertigung**
Von Herbert Babic. ISBN 3-540-11325-8.
1982. 108 Seiten mit 38 Abbildungen und 7 Tabellen. 53.— DM

57 **Methode zur rechnerunterstützten Einsatzplanung von programmierbaren Handhabungsgeräten**
Von Uwe Schmidt-Streier. ISBN 3-540-11355-X.
1982, 188 Seiten mit 72 Abbildungen. 53.– DM

58 **Werkstoff- und Energiekennwerte industrieller Lackieranlagen, am Beispiel der Automobilindustrie**
Von Rainer Manfred Thiel. ISBN 3-540-11356-8.
1982, 116 Seiten mit 59 Abbildungen. 53.– DM

59 **Maßnahmen zum Verbessern der pneumatischen Lackzerstäubung – Teilchengrößenbestimmung im Spritzstrahl –**
Von Klaus Werner Thomer. ISBN 3-540-11507-2.
1982, 162 Seiten mit 94 Abbildungen und 1 Tabelle. 53.– DM

60 **Ermittlung und Bewertung von Rationalisierungsmaßnahmen im Produktionsbereich**
Von Jürgen Schilde. ISBN 3-540-11730-X.
1982, 158 Seiten mit 57 Abbildungen. 53.– DM

61 **Untersuchung von Verfahren der Reihenfolgeplanung und ihre Anwendung bei Fertigungszellen**
Von Mohamed Osman. ISBN 3-540-11747-4.
1982, 124 Seiten mit 32 Abbildungen und 3 Tabellen. 53.– DM

62 **Ein Simulationsmodell zur Planung gruppentechnologischer Fertigungszellen**
Von Volker Saak. ISBN 3-540-11747-4.
1982, 134 Seiten mit 53 Abbildungen. 53.– DM

63 **Verfahren zur technischen Investitionsplanung automatisierter Fertigungsanlagen**
Von Günter Vettin. ISBN 3-540-11747-4.
1982, 134 Seiten mit 63 Abbildungen. 53.– DM

64 **Pneumatische Sensoren zur prozeßsimultanen Messung des Werkzeugverschleißes und zur Kollisionsvermeidung beim Messerkopffräsen**
Von Wolfgang Jentner. ISBN 3-540-11747-4.
1982, 126 Seiten mit 47 Abbildungen und 6 Tabellen. 53.– DM

65 **Rechnerunterstützte Gestaltung ortsgebundener Montagearbeitsplätze, dargestellt am Beispiel kleinvolumiger Produkte**
Von Eberhard Haller. ISBN 3-540-12015-7.
1982, 130 Seiten mit 43 Abbildungen. 53.– DM

66 **Fernsehüberwachung von Schutzgasschweißvorgängen mit abschmelzender Elektrode MIG – MAG**
Von Ruprecht Niepold. ISBN 3-540-12181-7.
1983, 178 Seiten mit 73 Abbildungen und 5 Tabellen. 58.– DM

67 **Entwicklung flexibler Ordnungssysteme für die Automatisierung der Werkstückhandhabung in der Klein- und Mittelserienfertigung**
Von Karl Weiss. ISBN 3-540-12455-1.
1983, 116 Seiten mit 68 Abbildungen. 58.– DM

68 **Automatisierte Überwachungsverfahren für Fertigungseinrichtungen mit speicherprogrammierten Steuerungen**
Von Werner Eißler. ISBN 3-540-12456-X.
1983, 128 Seiten mit 66 Abbildungen. 58.– DM

69 **Prozeßüberwachung beim Galvanoformen**
Von Jürgen Wilhelm Böcker. ISBN 3-540-12457-8.
1983, 118 Seiten mit 32 Abbildungen. 58.– DM

70 **LAPEX – Ein rechnerunterstütztes Verfahren zur Betriebsmittelzuordnung**
Von Stephan Mayer. ISBN 3-540-12490-X.
1983, 162 Seiten mit 34 Abbildungen und 2 Tabellen. 58.– DM

71 **Gestaltung eines integrierten Produktionssystems für die Sortenfertigung unter Einsatz der Clusteranalyse**
Von Gerald Weber. ISBN 3-540-12650-3.
1983, 194 Seiten mit 54 Abbildungen. 58.– DM

72 **Gußputzen mit sensorgeführten, programmierbaren Handhabungsgeräten**
Von Eberhard Abele. ISBN 3-540-12651-1.
1983, 133 Seiten mit 66 Abbildungen. 58,– DM

73 **Untersuchungen zur Herstellung und zum Einsatz galvanogeformter Erodierelektroden**
Von Harald Müller. ISBN 3-540-12822-0.
1983, 148 Seiten mit 78 Abbildungen. 58,– DM

74 **Ein Beitrag zur Optimierung der Prozeßführungsstrategien automatisierter Förder- und Materialflußsysteme**
Von Hans Steffens. ISBN 3-540-12968-5.
1983. 161 Seiten mit 60 Abbildungen. 58,– DM

75 **Entwicklung eines Verfahrens zur wertmäßigen Bestimmung der Produktivität und Wirtschaftlichkeit von Personalentwicklungsmaßnahmen in Arbeitsstrukturen**
Von Christian Müller. ISBN 3-540-13041-1.
1983. 129 Seiten mit 34 Abbildungen. 58,– DM

76 **Berechnung der Gestaltänderung von Profilen infolge Strahlverschleiß**
Von Wolfgang Marx. ISBN 3-540-13054-3.
1983. 121 Seiten mit 58 Abbildungen. 58,– DM

77 **Algorithmen zur flexiblen Gestaltung der kurzfristigen Fertigungssteuerung**
Von Rudolf E. Scheiber. ISBN 3-540-13500-6.
1984, 150 Seiten mit 73 Abbildungen und 1 Tabelle. 63.– DM

78 **Galvanisieren mit moduliertem Strom**
Von Jürgen Wolfgang Mann. ISBN 3-540-13733-5.
1984, 145 Seiten und 58 Abbildungen. 63,– DM

79 **Fluoreszenzmeßverfahren zur Schmierfilmdickenmessung in Wälzlagern**
Von Wolfgang Schmutz. ISBN 3-540-13777-7.
1984, 141 Seiten und 66 Abbildungen. 63,– DM

# IPA-IAO Forschung und Praxis

Berichte aus dem Fraunhofer-Institut für Produktionstechnik und Automatisierung (IPA), Stuttgart, Fraunhofer-Institut für Arbeitswirtschaft und Organisation (IAO), Stuttgart, und Institut für Industrielle Fertigung und Fabrikbetrieb der Universität Stuttgart

Herausgeber: Prof. Dr.-Ing. H. J. Warnecke und Prof. Dr.-Ing. H.-J. Bullinger

---

80 **Flexibilität und Kapazität von Werkstückspeichersystemen**
Von Bernhard Graf. ISBN 3-540-13970-2.
1984, 115 Seiten mit 71 Abbildungen. 63,– DM

T1 **Flexible Fertigungssysteme**
17. IPA-Arbeitstagung zusammen mit der 3. Internationalen Konferenz „Flexible Manufacturing Systems (FMS-3)", ISBN 3-540-13807-2.
1984, 249 Seiten mit zahlreichen Abbildungen. 118,– DM

T2 **Integrierte Bürosysteme**
3. IAO-Arbeitstagung. ISBN 3-540-13978-8.
1984, 633 Seiten mit zahlreichen Abbildungen. 168,– DM

81 **Rechnerunterstützte Planung von Montageablaufstrukturen für Erzeugnisse der Serienfertigung**
Von Ernst-Dieter Ammer. ISBN 3-540-15056-0.
1985, 120 Seiten mit 1 Faltblatt und 33 Abbildungen. 63,– DM

82 **Flexibilität von personalintensiven Montagesystemen bei Serienfertigung**
Von Heinrich Vähning. ISBN 3-540-15093-5.
1985, 152 Seiten mit 49 Abbildungen. 63,– DM

83 **Ordnen von Werkstücken mit programmierbaren Handhabungsgeräten und Werkstückerkennungssensoren**
Von Ingo Schmidt. ISBN 3-540-15375-6.
1985, 111 Seiten mit 66 Abbildungen. 63,– DM

84 **Systematische Investitionsplanung**
Von Jorge Moser. ISBN 3-540-15370-5.
1985, 190 Seiten mit 69 Abbildungen. 63,– DM

T3 **Montage · Handhabung · Industrieroboter**
Internationaler MHI-Kongreß im Rahmen der Hannover-Messe '85. ISBN 3-540-15500-7.
1985, 267 Seiten mit zahlreichen Abbildungen. 128,– DM

85 **Flexible Montagesysteme – Konzeption und Feinplanung durch Kombination von Elementen**
Von Peter Konold / Bernd Weller. ISBN 3-540-15606-2.
1985, 162 Seiten mit 71 Abbildungen und 9 Tabellen. 63,– DM

T4 **Menschen · Arbeit · Neue Technologien**
4. IAO-Arbeitstagung zusammen mit der 2. Internationalen Konferenz „Human Factors in Manufacturing". ISBN 3-540-15763-8.
1985, 442 Seiten mit zahlreichen Abbildungen. 168,– DM

86 **Leitstandunterstützte kurzfristige Fertigungssteuerung bei Einzel- und Kleinserienfertigung**
Von Lothar Aldinger. ISBN 3-540-15903-7.
1985, 151 Seiten mit 49 Abbildungen und 2 Tabellen. 63,– DM

87 **Bestimmen des Bürstenverhaltens anhand einer Einzelborste**
Von Klaus Przyklenk. ISBN 3-540-15956-8.
1985, 117 Seiten mit 74 Abbildungen. 63,– DM

88 **Montage großvolumiger Produkte mit Industrierobotern**
Von Jörg Walther. ISBN 3-540-16027-2.
1985, 125 Seiten mit 58 Abbildungen. 63,– DM

89 **Algorithmen und Verfahren zur Erstellung innerbetrieblicher Anordnungspläne**
Von Wilhelm Dangelmaier. ISBN 3-540-16144-9.
1986, 268 Seiten mit 79 Abbildungen. 68,– DM

90 **Bewertung der Instandhaltung von Fertigungssystemen in der technischen Investitionsplanung**
Von Hagen U. Uetz. ISBN 3-540-16166-X.
1986, 129 Seiten mit 38 Abbildungen. 68,– DM

91 **Entgraten durch Hochdruckwasserstrahlen**
Von Manfred Schlatter. ISBN 3-540-16172-4.
1986, 167 Seiten mit 89 Abbildungen und 18 Tabellen. 68,– DM

92 **Werkstückorientierte Verfahrensauswahl zum Gußputzen mit Industrierobotern**
Von Wolfgang Sturz. ISBN 3-540-16224-0.
1986, 156 Seiten mit 59 Abbildungen. 68,– DM

93 **Verfahren zur Verringerung von Modell-Mix-Verlusten in Fließmontagen**
Von Reinhard Koether. ISBN 3-540-16499-5.
1986, 175 Seiten mit 46 Abbildungen und 1 Tabelle. 68,– DM

---

Die Bände sind im Erscheinungsjahr und in den folgenden drei Kalenderjahren zu beziehen durch den örtlichen Buchhandel oder durch Lange & Springer, Heidelberger Platz 3, D-1000 Berlin 33.

94 **Entwicklung und Einsatz eines interaktiven Verfahrens zur Leistungsabstimmung von Montagesystemen**
Von Günter Schad. ISBN 3-540-16978-4.
1986, 120 Seiten mit 31 Abbildungen und 1 Tabelle. 68,– DM

95 **Qualifizierung an Industrierobotern**
Von Wolfgang Bachl. ISBN 3-540-17018-9.
1986, 218 Seiten mit 30 Abbildungen. 68,– DM

96 **Rechnersimulation des Beschichtungsprozesses beim Elektrotauchlackieren – Anwendung zum Berechnen des Umgriffs**
Von Otto Baumgärtner. ISBN 3-540-17102-9.
1986, 113 Seiten mit 42 Abbildungen. 68,– DM

97 **Ergonomische Gestaltung von Rotationsstellteilen für grob- und sensomotorische Tätigkeiten**
Von Werner F. Muntzinger. ISBN 3-540-17247-5.
1986, 135 Seiten mit 51 Abbildungen und 33 Tabellen. 68,– DM

98 **Die optische Rauheitsmessung in der Qualitätstechnik**
Von R.-J. Ahlers. ISBN 3-540-17242-4.
1986, 133 Seiten mit 56 Abbildungen und 2 Tabellen. 68,– DM

99 **Maschinelle Spracherkennung zur Verbesserung der Mensch-Maschine-Schnittstelle**
Von Gerhard Rigoll. ISBN 3-540-17350-1.
1986, 134 Seiten mit 55 Abbildungen. 68,– DM

100 **Konzeption und Auswahl modularer Magazinpaletten**
Von Thomas Zipse. ISBN 3-540-17584-9.
1987, 126 Seiten mit 54 Abbildungen. 68,– DM

101 **Anschlüsse an Kupferrohre – Herstellung und Automatisierungsmöglichkeit**
Von Eberhard Rauschnabel. ISBN 3-540-17807-4.
1987, 120 Seiten mit 88 Abbildungen. 68,– DM

102 **Mengen- und ablauforientierte Kapazitätsplanung von Montagesystemen**
Von Hans Sauer. ISBN 3-540-17815-5.
1987, 156 Seiten mit 64 Abbildungen. 68,– DM

103 **Verfahrensinstrumentarium zur Werkstückauswahl und Auslegung von Industrieroboterschweißsystemen**
Von Herbert Gzik. ISBN 3-540-17928-3.
1987, 138 Seiten mit 56 Abbildungen. 68,– DM

104 **Integration von Förder- und Handhabungseinrichtungen**
Von Joachim Schuler. ISBN 3-540-17955-0.
1987, 153 Seiten mit 61 Abbildungen. 68,– DM

105 **Produktionsmengen- und -terminplanung bei mehrstufiger Linienfertigung**
Von H. Kühnle. ISBN 3-540-18038-9.
1987, 124 Seiten mit 25 Abbildungen. 68,– DM

106 **Untersuchung des Plasmaschneidens zum Gußputzen mit Industrierobotern**
Von Jong-Oh Park. ISBN 3-540-18037-0.
1987, 142 Seiten mit 70 Abbildungen. 68,– DM

107 **Fügen von biegeschlaffen Steckkontakten mit Industrierobotern**
Von Daegab Gweon. ISBN 3-540-18134-2.
1987, 115 Seiten mit 13 Abbildungen. 68,– DM

108 **Entwicklung eines biomechanischen Modells des Hand-Arm-Systems**
Von Georgios Tsotsis. ISBN 3-540-18135-0.
1987, 163 Seiten mit 45 Abbildungen. 68,– DM

109 **Ein Beitrag zur Planungssystematik für die automatisierte flexible Blechteilefertigung**
Von Thomas Weber. ISBN 3-540-18136-9.
1987, 149 Seiten mit 56 Abbildungen. 68,– DM

110 **Entwicklung eines Meßverfahrens zur Bestimmung des Positionier- und Orientierungsverhaltens von Industrierobotern**
Von Günter Schiele. ISBN 3-540-18137-7.
1987, 116 Seiten mit 48 Abbildungen. 68,– DM

111 **Schwingungsbelastung beim Arbeiten mit handgeführten, einachsigen Motormähgeräten**
Von Peter Kern. ISBN 3-540-18193-8.
1987, 145 Seiten mit 43 Abbildungen und 5 Tabellen. 68,– DM

112 **Entwicklung eines berührungslosen Tastsystems für den Einsatz an Koordinatenmeßgeräten**
Von Hie-Sik Kim. ISBN 3-540-18578-X.
1987, 111 Seiten mit 62 Abbildungen und 4 Tabellen. 68,– DM

GPSR Compliance

*The European Union's (EU) General Product Safety Regulation (GPSR) is a set of rules that requires consumer products to be safe and our obligations to ensure this.*

*If you have any concerns about our products, you can contact us on ProductSafety@springernature.com*

In case Publisher is established outside the EU, the EU authorized representative is:

Springer Nature Customer Service Center GmbH
Europaplatz 3
69115 Heidelberg, Germany

**Batch number: 10844639**

Printed by Printforce, the Netherlands